westermann

Karl Wilhelm Henke

Geschäftsbriefe kundenorientiert formulieren

prägnant und effektiv

1. Auflage

Bestellnummer 7336

Die in diesem Produkt gemachten Angaben zu Unternehmen (Namen, Internet- und E-Mail-Adressen, Handelsregistereintragungen, Bankverbindungen, Steuer-, Telefon- und Faxnummern und alle weiteren Angaben) sind i. d. R. fiktiv, d. h., sie stehen in keinem Zusammenhang mit einem real existierenden Unternehmen in der dargestellten oder einer ähnlichen Form. Dies gilt auch für alle Kunden, Lieferanten und sonstigen Geschäftspartner der Unternehmen wie z. B. Kreditinstitute, Versicherungsunternehmen und andere Dienstleistungsunternehmen. Ausschließlich zum Zwecke der Authentizität werden die Namen real existierender Unternehmen und z. B. im Fall von Kreditinstituten auch deren IBANs und BICs verwendet.

Titel stock.adobe.com, Dublin: denisismagilov

service@westermann.de
www.westermann.de

Bildungshaus Schulbuchverlage Westermann Schroedel Diesterweg Schöningh Winklers GmbH, Postfach 33 20, 38023 Braunschweig

ISBN 978-3-8045-**7336-**9

westermann GRUPPE

Vorwort

Geschäftsbriefe sind das „Aushängeschild eines Unternehmens“. Darum kommt dem Formulieren und Gestalten eines Geschäftsbriefes eine große Bedeutung zu. Dabei müssen Sie auch die Schreib- und Gestaltungsregeln für die Text- und Informationsverarbeitung (DIN 5008) beachten. Ein ansprechender Brief ist die beste Werbung für ein Unternehmen.

Wer heute Kunden gewinnen will, muss sie umwerben. Das bedeutet, dass Sie Ihre Formulierungen so wählen, dass sich der Kunde angesprochen fühlt. Fassen Sie Ihre Geschäftsbriefe empfängerbezogen, persönlich, freundlich, prägnant und informativ ab.

Dieser Ratgeber soll Ihnen helfen, dieses Ziel zu erreichen. Dabei wünsche ich Ihnen viel Erfolg.

Soest, im Winter 2019/2020

Karl Wilhelm Henke

Inhalt

Anforderungen an einen modernen Geschäftsbrief 3

Geschäftsbriefe normgerecht gestalten . . . 6
Geschäftsbrief mit seinen Bestandteilen 6
Vorlagen für Geschäftsbriefe 7
Anschriften 8
Vermerke in Geschäftsbriefen 12

Geschäftsbriefe kundenorientiert formulieren 14
Tipps zum Formulieren von Geschäftsbriefen 14
Positive und negative Formulierungen 19

Formulieren spezieller Geschäftsbriefe 21
Tipps zum Formulieren von Werbebriefen . . 21
Werbebrief an einen Kunden 22
Werbebrief an einen Händlerkunden 23
Die Anfrage 24
Geschäftsbrief: Bestimmte Anfrage ohne vorausgehende Geschäftsbeziehung 25
Geschäftsbrief: Bestimmte Anfrage mit vorausgehender Geschäftsbeziehung 26
Das Angebot 27
Geschäftsbrief: Verlangtes, bindendes Angebot 28
Geschäftsbrief: Verlangtes, befristetes Angebot 29
Geschäftsbrief: Unverlangtes, freibleibendes Angebot 30
Der Lieferverzug 31
Geschäftsbrief: Lieferverzug 32
Die Bestellung 33
Geschäftsbrief: Bestellung 34
Die Gewährleistung 35
Geschäftsbrief: Gewährleistung 36
Der Lieferverzug 37
Geschäftsbrief: Zweite Mahnung 38
Geschäftsbrief: Dritte Mahnung 39

Schriftverkehr in der Personalverwaltung 40
Tipps zum Formulieren von Bewerbungsschreiben 40
Bewerbungsschreiben 41
Bestätigung des Eingangs des Bewerbungsschreibens 42
Einladung zum Vorstellungsgespräch 43
Absage auf eine Bewerbung 44
Abmahnung 45
Kündigung des Arbeitsverhältnisses 46
Fristlose Kündigung 47

Besondere Schriftstücke 48
Glückwunsch zum Geschäftsjubiläum 48
Glückwunsch zum Arbeitsjubiläum 49

Wichtige Rechtschreibregeln 50
Groß- und Kleinschreibung 50
Getrennt- und Zusammenschreibung 52
„ss“ oder „ß“ 54
Straßennamen 55
Kommasetzung 56

Sachwortverzeichnis 59

1 Anforderungen an einen modernen Geschäftsbrief

Gute Formulierungen wählen

Geschäftsbriefe sind das „Aushängeschild eines Unternehmens". Darum kommt dem Formulieren und Gestalten eines Geschäftsbriefes eine große Bedeutung zu. Ein ansprechender Brief ist die beste Werbung für ein Unternehmen.

Wer heute Kunden gewinnen will, muss sie umwerben. Das bedeutet, dass Sie Ihre Formulierungen so wählen, dass sich der Kunde angesprochen fühlt. Formulieren Sie Ihre Geschäftsbriefe darum kundenorientiert. Der Empfänger sollte im Mittelpunkt der Ausführungen stehen und nicht der Absender. Das bedeutet, dass wir den Empfänger mit „Sie" und „Ihnen" persönlich ansprechen und auf „wir" und „uns" möglichst verzichten.

Beim Abfassen von Briefen sollten Sie einfache, verständliche Formulierungen wählen. Der Empfänger sollte den Inhalt des Textes gleich verstehen, ohne ihn noch einmal lesen zu müssen. „Bandwurmsätze" sollten Sie vermeiden. Formulieren Sie nach Möglichkeit so, wie Sie sprechen. Vermeiden Sie in einem Satz mehrere Einschübe, weil der Satz dadurch unverständlich wird. Kurze und klar formulierte Sätze tragen zum guten Verständnis bei.

Haben Sie den Brief vollständig verfasst, dann lesen Sie ihn noch einmal durch. Versetzen Sie sich dabei in die Lage des Empfängers. Fragen Sie sich, wie Sie als Empfänger des Briefes Ihre eigenen Formulierungen empfinden. Reagieren Sie auf Ihre eigenen Formulierungen negativ, sollten Sie den Brief noch einmal stilistisch verbessern.

Weitere Vorschläge zum Formulieren Ihrer Geschäftsbriefe finden Sie auf den folgenden Seiten.

Geschäftsbriefe normgerecht gestalten

Hinweise zum Gestalten der Vorlagen für Geschäftsbriefe und für die Beschriftung finden Sie in der Norm DIN 5008 (Schreib- und Gestaltungsregeln für die Text- und Informationsverarbeitung). Hier ist festgelegt, welche Angaben und Positionen der Geschäftsbrief haben soll. In dieser Norm sind auch Schreibregeln zu berücksichtigen, die in Geschäftsbriefen häufiger vorkommen. Dazu gehören z. B. Abkürzungen oder Kalenderdaten.

Abkürzungen, die Sie im vollen Wortlaut aussprechen, erhalten einen Punkt (Beispiele: z. B., d. h., d. J.). Buchstäblich gesprochene Abkürzungen oder Abkürzungen, die wie selbstständige Wörter gesprochen werden, schreiben Sie ohne Punkt (Beispiele: CDU, SPD DGB, DFB, UNO). Bei national oder international festgelegten Abkürzungen setzen Sie keinen Punkt. Dazu diese Beispiele: EUR, km, kg).

Das numerische Kalenderdatum gliedern Sie absteigend in der Reihenfolge Jahr, Monat, Tag oder aufsteigend in der Reihenfolge Tag, Monat, Jahr. Die absteigenden Angaben trennen Sie durch je einen Mittestrich, während die aufsteigenden Angaben durch einen Punkt zu gliedern sind. Monat und Tag schreiben Sie zweistellig, die Jahreszahl aber vierstellig. Zwischen den Angaben entfallen die Leerzeichen (Beispiele: 20..-08-24 oder 24.08.20..). In Texten sollten Sie für die Schreibung des Datums die alphanumerische Form bevorzugen (Beispiel: 3. Februar 20..).

2 Geschäftsbriefe normgerecht gestalten

2.1 Geschäftsbrief mit seinen Bestandteilen

Büroorganisation Krämer GmbH

Leitwörter des Informationsblockes 10 cm vom linken Rand – 3,2 oder 5,1 cm von der oberen Blattkante

Rücksendeangabe (Postanschrift des Absenders) im Anschriftfeld mit Rücksendeangabe

Büroorganisation Krämer GmbH · Postfach 25 15 45 · 44137 Dortmund
Büromöbelfabrik
Westfalia AG
Postfach 33 44 66
44150 Dortmund
•
•
•
•

Mitarbeiterin:	Julia Roth
Abteilung:	Einkauf
•	
Telefon:	0231 353515-25
Telefax:	0231 353515-10
E-Mail:	roth@buero-kraemer-wvd.com
Internet:	www.buero-kraemer-wvd.com
•	
Datum:	20..-05-17

Anfrage nach Konferenzsesseln ← Betreff

Vor und nach dem Betreff lassen Sie zwei Leerzeilen. Danach folgt die Anrede.

•
•

Guten Tag, sehr geehrte Damen und Herren, ← Anrede

•

es ist unser Bestreben, unseren Kunden hochwertige Büromöbel anzubieten. Sicher können Sie uns Konferenzsessel liefern, die ein bequemes und angenehmes Sitzen bei längeren Sitzungen und Veranstaltungen ermöglichen.

•

Bitte senden Sie uns ein Angebot über **Konferenzsessel mit einem Schwinggestell**. Eine höhenverstellbare Armlehne und eine Rückenlehnen-Arretierung sollen vorhanden sein. Zusätzlich wünschen wir eine Polsterung mit Lederüberzug. Bitte fügen Sie Ihrem Angebot Informationsmaterial bei.

•

Können Sie uns bis zum 30. d. M. beliefern? Wie sind Ihre Liefer- und Zahlungsbedingungen?

•

Sicher werden Sie uns ein günstiges Angebot unterbreiten.

•

Freundlich grüßt Sie ← Gruß

•

Büroorganisation Krämer GmbH ← Firma

•

i. A. ← Zusatz

•

Julia Roth ← Wiederholung der Unterschrift

Zwischen den Bestandteilen des Briefabschlusses lassen Sie je eine Leerzeile. Sind keine Zusätze vorhanden, lassen Sie nach der Firma mindestens drei Leerzeilen.

Geschäftsangaben

Geschäftsräume	Telefon	E-Mail	Sparkasse Dortmund
Zwickauer Straße 15 – 17 44139 Dortmund	0231 353515-0	info@buero-kraemer-wvd.com	IBAN: DE76 4405 0199 0000 2531 89 BIC: DORTDE33XXX

Geschäftsführerin: Sabine Krämer · Sitz der Gesellschaft: Dortmund · Handelsregister B 9351 beim Amtsgericht Dortmund

2.2 Vorlagen für Geschäftsbriefe

Vorlage mit gestaltetem Informationsblock

Verwenden Sie eine Vorlage mit einem Informationsblock, sind zwei Formen zu unterscheiden:

- der Standardinformationsblock und der
- gestaltete Informationsblock.

Die Vorlage für einen Geschäftsbrief enthält einen Briefkopf, die Postanschrift des Absenders, das Feld für die Rücksendeangabe, das Feld für die Anschrift des Empfängers, die Leitwörter für Kommunikationsangaben, die im Informationsblock stehen, und die Geschäftsangaben.

Briefkopf. Der Absender hat die Möglichkeit, den Briefkopf nach seinen Bedürfnissen zu gestalten und ein Logo zu verwenden. Dabei sollte das ***Corporate Design*** beachtet werden. Die gesamte Breite des Blattes A4 kann dabei genutzt werden. Der Briefkopf mit hochgestelltem Anschriftfeld (Form A) ist 2,7 cm hoch. Beim tiefgestellten Anschriftfeld (Form B) beträgt die Höhe 4,5 cm.

Rücksendeangabe. Als Rücksendeangabe ist die Postanschrift des Absenders aufzuführen. Sie steht heute im Anschriftfeld mit Rücksendeangabe in einer kleineren Schriftgröße über der Empfängeranschrift oder den Zusätzen und Vermerken.

Feld für die Anschrift des Empfängers. Das Anschriftfeld mit integrierter Rücksendeangabe hat eine Größe von 4,5 cm x 8,5 cm groß.

Geschäftsangaben. In den Geschäftsangaben am Fuße des Vordrucks sind beispielsweise aufzuführen: die Geschäftsräume, alle Kommunikationsverbindungen mit den Nummern der Hauptanschlüsse, sofern sie nicht an anderer Stelle aufgeführt sind, die Bankverbindungen und die gesellschaftsrechtlichen Angaben bei Kapitalgesellschaften. Zu den Kommunikationsverbindungen gehören auch die E-Mail- und die Internetadresse.

Verwenden Sie die Geschäftsbriefblätter auch für Rechnungen, müssen Sie nach steuerrechtlichen Bestimmungen auch die Steuer-Nr. und die USt.-IdNr. aufführen.

Gesellschaftsrechtliche Angaben bei Kapitalgesellschaften. Im Fuß der Vorlage müssen Sie die Firma aufführen. Sie muss mit dem Wortlaut der Handelsregistereintragung übereinstimmen. Weiterhin sind diese Angaben erforderlich:

- die Rechtsform und der Sitz der Gesellschaft
- das Registergericht des Sitzes der Gesellschaft und die Handelsregisternummer
- der Familienname und mindestens ein ausgeschriebener Vorname des Vorsitzenden des Aufsichtsrates, sofern die Gesellschaft einen Aufsichtsrat gebildet hat,
- die Namen des Vorsitzenden und aller Mitglieder des Vorstandes bei Aktiengesellschaften und die Namen aller Geschäftsführer bei Gesellschaften mit beschränkter Haftung

Beschriften von Vorlagen für den Geschäftsbrief

- Verwenden Sie einen **gestalteten Informationsblock**, sollten Sie die Angaben – ausgehend vom längsten Wort – an einer neuen Fluchtlinie beginnen. Die Eintragungen nehmen Sie in der im Brief verwendeten Schriftart und -größe vor. Für die Leitwörter verwenden Sie eine kleinere Schriftgröße, ebenfalls für die E-Mail-Adresse und Internetadresse, mindestens jedoch 8 Punkt.

- Leitwörter des gestalteten Informationsblockes dürfen Sie ergänzen, weglassen oder verändern. Die Angaben gruppieren Sie durch Leerzeilen.
- Füllen Sie den **Standardinformationsblock** aus, lassen Sie zwischen den Leitwörtern und den Bezugszeichen einen Abstand von einem Leerzeichen. Die Leitwörter und die Angaben haben die gleiche Schriftart und Schriftgröße wie der übrige Brief. Im Standardinformationsblock lassen Sie vor den Leitwörtern „Name:“ und „Datum:“ eine Leerzeile.
- Die Zeichen des Informationsblockes dürfen das Zeilenende bis zu 1 cm überschreiten.
- Vom letzten Leitwort des Informationsblockes bis zum Betreff lassen Sie zwei Leerzeilen.

Leitwörter des Standardinformationsblocks

Anschriftfeld	Ihr Zeichen: Ihre Nachricht vom: Unser Zeichen: Unsere Nachricht vom: • Name: Telefon: Telefax: E-Mail: Datum:

Beispiel für das Ausfüllen des gestalteten Informationsblocks

	Mitarbeiter:	Josef Huber
	Abteilung:	Verkauf
Autohaus Kleiber GmbH, Postfach 3 59 72, 59494 Soest	Kunden-Nr.:	567
Büroorganisation	•	
Eder & Co. GmbH	Telefon:	02921 395025-112
Herrn Markus Fengler	Telefax:	02921 395025-102
Postfach 34 59 49	E-Mail:	info@kleiber-wvd.com
80634 München	Internet:	www.kleiber-wvd.com
•	•	
•	Datum:	20..-05-15
•		
•		
Angebot über den Kleintransporter TRAILER		
•		
•		
Guten Tag Herr Fengler,		
•		
Sie wünschen ...		

2.3 Anschriften

Personenanschriften

Rücksendeangabe und Zusatz- und Vermerkzone können eine Zone bilden, die aus fünf Zeilen besteht. Zur Anschriftzone gehören sechs Zeilen. Das Anschriftfeld besteht aus 11 Zeilen und ist 4,5 cm hoch, die Zusatz- und Vermerkzone 1,8 cm und die Anschriftzone 2,7 cm.

Die Rücksendeangabe (Postanschrift des Absenders) steht in der 1. Zeile der Zusatz- und Vermerkzone, wenn keine weiteren Angaben erforderlich sind. Sie steht immer in der obersten Zeile. In diesem Bereich verwenden Sie eine Schriftgröße von 8 Punkt.

Die Empfängeranschrift beginnen Sie in der 1. Zeile der Anschriftzone. Darunter führen Sie in der 2. Zeile den Namen auf. Die Straßenbezeichnung setzen Sie im Allgemeinen in die 3. Zeile, während für die Postleitzahl und den Wohnort die 4. Zeile vorgesehen ist. Postleitzahlen schreiben Sie fünfstellig und ungegliedert.

Akademische Grade, wie Diplom- und Doktorgrade, z. B. *Dr., Dipl.-Ing., Dipl.-Kfm.,* setzen Sie vor den Namen. Bachelor- und Mastergrade, z. B. *B. A.* (Bachelor of Arts), *B. Sc.* (Bachelor of Science), *M. A.* (Magister Artium), stehen in der Regel hinter dem Namen.

5	•	•
4	•	•
3	•	•
2	•	•
1	Köhler-Versand GmbH, Postfach 15 37 26, 24103 Kiel	Richter GmbH, Postfach 25 15 45, 44137 Dortmund
1	Frau	Herrn
2	Dipl.-Kffr. Daniela Krause	Sebastian Kaiser M. A.
3	Sievekingplatz 15	Dahlhauser Höhe 38
4	20355 Hamburg	44879 Bochum
5	•	•
6	•	•

Berufsbezeichnungen führen Sie hinter der Anrede auf. In der Zustellangabe dürfen Sie zusätzlich das Stockwerk oder die Wohnungsnummer aufführen. Durch zwei Schrägstriche trennen Sie die Angaben. Davor und dahinter lassen Sie ein Leerzeichen.

Ist der Empfänger nicht der Wohnungsinhaber, vermerken Sie den Namen des Wohnungsinhabers unter dem Namen des Empfängers. Das gilt auch, wenn der Empfänger zu Besuch ist.

5	•	•
4	•	•
3	•	•
2	•	•
1	Breyer-Versand KG, Postfach 37 26 69, 23558 Lübeck	Breyer-Versand KG, Postfach 37 26 69, 23558 Lübeck
1	Frau Regierungsrätin	Herrn
2	Dr. Vanessa Schwarz	Marcel Kleiber M. A.
3	Liebigstraße 38 // 2. Stock	bei Schlingmann
4	52349 Düren	Am Rosengarten 15 // W 8
5	•	34134 Kassel
6	•	•

Die Zusatz- und Vermerkzone mit integrierter Rücksendeangabe nimmt neben der Rücksendeangabe elektronische Frankiervermerke, Zusatzleistungen (z. B. Einschreiben, Warensendung), Vorausverfügungen (z. B. *Nicht nachsenden!*) oder sonstige Zustellvermerke auf.

Ist ein Vermerk aufzunehmen, steht dieser in der 1. Zeile der Zusatz- und Vermerkzone. Sind mehrere Vermerke aufzuführen, verwenden Sie von unten nach oben die Zeilen 1 bis 5. Über den Vermerken steht die Rücksendeangabe.

5	•	•
4	•	•
3	•	Großhandlung Schmitz KG, Postfach 48 46, 50676 Köln
2	Großhandlung Schmitz KG, Postfach 48 46, 50676 Köln	Nicht nachsenden!
1	Einschreiben Einwurf	Persönlich
1	Frau	Herrn
2	Dipl.-Päd. Sabrina Böhmer	Prof. Dr. David Blanke
3	Flandernstraße 28 // W 6	Gellertstraße 56
4	23558 Lübeck	81925 München
5	•	•
6	•	•

Unternehmensanschriften

Unternehmensanschriften, Behördenanschriften usw. sind nach der Norm DIN 5008 (Schreib- und Gestaltungsregeln für die Text- und Informationsverarbeitung) normgerecht zu gestalten. Die Anordnung entspricht der Gestaltung von Privatanschriften.

Über den Vermerken der Zusatz- und Vermerkzone steht die Rücksendeangabe immer in der obersten Zeile.

Die Unternehmensanschriften beginnen Sie in der 1. Zeile der Anschriftzone. Längere Firmenbezeichnungen verteilen Sie auf zwei Zeilen.

Soll der Brief eine bestimmte Mitarbeiterin oder einen bestimmten Mitarbeiter erreichen, setzen Sie die Anrede mit dem Namen unter die Firma.

Ist ein Postfach vorhanden, führen Sie anstelle der Straßenbezeichnung das Postfach auf. Postfachnummern gliedern Sie durch Leerzeichen von rechts nach links in zweistellige Gruppen. In Großempfängeranschriften geben Sie weder das Postfach noch die Straße an.

5	•	•
4	•	•
3	•	•
2	•	Steinkamp GmbH, Postfach 25 67 57, 44127 Essen, Ruhr
1	Großhandlung Schmitz KG, Postfach 48 46, 50676 Köln	Infopost
1	Feinkost Albrecht GmbH	Modehaus für Sie
2	Frau Melanie Pfeiffer	Peters GmbH
3	Postfach 28 95 76	Herrn Michael Koch
4	51379 Leverkusen	Postfach 25 76 98
5	•	58089 Hagen, Westfalen
6	•	•

<table>
<tr><td>5</td><td>•</td><td>•</td></tr>
<tr><td>4</td><td>•</td><td>•</td></tr>
<tr><td>3</td><td>•</td><td>MEGABIT GmbH, Postfach 54 79 16, 22765 Hamburg</td></tr>
<tr><td>2</td><td>Büromöbel Klinger KG, Postfach 32 19, 50676 Köln</td><td>|||| ||| ||</td></tr>
<tr><td>1</td><td>Einschreiben Einwurf</td><td>Infopost</td></tr>
<tr><td>1</td><td>Großhandlung</td><td>Autozubehör</td></tr>
<tr><td>2</td><td>Ziemer & Claus GmbH</td><td>Sauer & Kühne GmbH</td></tr>
<tr><td>3</td><td>Frau Daniela König</td><td>Herrn Dipl.-Kfm. Andreas Kühne</td></tr>
<tr><td>4</td><td>Postfach 68 73 19</td><td>Postfach 52 36 97</td></tr>
<tr><td>5</td><td>47798 Krefeld</td><td>55118 Mainz</td></tr>
<tr><td>6</td><td>•</td><td>•</td></tr>
</table>

In Anschriften von Einzelunternehmen führen Sie hinter dem Namen den Zusatz „e. K." oder „e. Kffr." (eingetragene Kauffrau) oder „e. K." oder „e. Kfm." (eingetragener Kaufmann) auf.

5	•	•
4	•	•
3	•	Vogel GmbH, Postfach 36 17 26, 44127 Essen, Ruhr
2	Huber GmbH, Postfach 89 67 22, 90459 Nürnberg	
1	Einschreiben Einwurf	Infopost
1	Christina Simon e. Kffr.	Computerservice
2	Fasanenstraße 7 // 2. Stock	Ziegler e. Kfm.
3	39114 Magdeburg	Herrn Sebastian Ziegler
4	•	Postfach 39 28 55
5	•	60329 Frankfurt am Main
6	•	•

Auslandsanschriften

Auslandsanschriften sollten Sie möglichst in der Form des Bestimmungslandes schreiben. Bestimmungsort und Bestimmungsland schreiben Sie in lateinischer Sprache, arabischen Ziffern und Großbuchstaben. Den Bestimmungsort schreiben Sie nach Möglichkeit in der Sprache des Bestimmungslandes, während das Bestimmungsland in deutscher Sprache unter der letzten Zeile der Anschrift aufzuführen ist.

5	•	•
4	•	•
3	•	•
2	•	•
1	Textil Niederrhein GmbH, Postfach 25 15, 47533 Kleve, Allemagne	Motoren Steinke AG, Postf. 12 24 36, 39104 Magdeburg, Allemagne
1	Textiel Shop	AB Motor
2	Wilheminakade 136	Mejlgade 4
3	3072 AP ROTTERDAM	6000 KOLDING
4	NIEDERLANDE	DÄNEMARK
5	•	•
6	•	•

5	•	•
4	•	•
3	•	•
2	•	•
1	Hightech GmbH, Postfach 25 45 20, 01069 Dresden, Allemagne	Westfalia AG, Postfach 12 24 36, 44137 Dortmund, Allemagne
1	Media Futura	Mr. Charles Brown
2	Olszewskiego 127	Price Wholesalers Ltd
3	52-404 WROCLAW	27 Princess Street
4	POLEN	PLYMOUTH
5	•	Devon PL1 2EX
6	•	GROßBRITANNIEN

2.4 Vermerke in Geschäftsbriefen

Anlagenvermerk

Um beim Posteingang prüfen zu können, welche weiteren Schriftstücke einem Geschäftsbrief beiliegen, ist ein **Anlagenvermerk** erforderlich. Für die Gestaltung des Anlagenvermerks haben Sie verschiedene Möglichkeiten: Sie können ihn in ausführlicher oder verkürzter Form schreiben.

Nach einer Leerzeile setzen Sie den Anlagenvermerk unter den Briefabschluss. Die Überschrift dürfen Sie durch Fettschrift hervorheben. Unter dem Wort „Anlage(n)" können Sie die Anlagen einzeln aufführen.

Sagt Ihnen unser Angebot zu? Wenn Sie weitere Fragen haben, dann rufen Sie uns an.
•
Freundliche Grüße
•
Bau- und Gartenmarkt GmbH
•
i. A.
•
Michael Müller
•
Anlagen
2 Prospekte

Beim verkürzten Anlagenvermerk führen Sie nur die Anzahl der Anlagen und das Wort „Anlage(n)" auf.

Wünschen Sie weitere Informationen, dann sprechen Sie mit uns.
•
Freundliche Grüße aus Bremen
•
Bürozentrum
Blumenthal KG
•
ppa.
•
Vera Hansmann
•
3 Anlagen

Reicht der Platz unter dem Briefabschluss nicht aus, setzen Sie den Anlagenvermerk in Höhe des Grußes – 10 cm vom linken Rand.

Wie denken Sie über unseren Vorschlag?
•
Freundlich grüßt Sie
•
Autohaus Rhein-Main GmbH
•
i. A.
•
Thomas Brauner

10 cm vom linken Rand
Anlagen
3 Druckschriften

Verteilvermerk

Damit der Empfänger weiß, wer einen weiteren Ausdruck oder eine Kopie des Schreibens erhalten hat, führen Sie weitere Empfänger in einem **Verteilvermerk** unter dem Wort „Verteiler“ auf. Das Wort „Verteiler“ dürfen Sie durch Fettschrift hervorheben. Die Regeln des Anlagenvermerkes gelten auch für den Verteilvermerk.

Sind Sie mit unserem Vorschlag einverstanden?
•
Freundliche Grüße
•
Eisenwarenhandlung
Krause & Co. OHG
•
i. A.
•
Bettina Schulz
•
Verteiler
Rechnungsabteilung

Treffen Anlagen- und Verteilvermerk zusammen, schreiben Sie den Anlagenvermerk zuerst. Zwischen beiden Vermerken lassen Sie eine Leerzeile.

Wann werden Sie uns besuchen?
•
Freundlich grüßt Sie
•
Maschinenfabrik
Neumann & Schnieders KG
•
ppa.
•
Claudia Fisch
•
1 Anlage.
•
Verteiler
Frau Dr. Müller
Herrn Engelbracht
Einkaufsabteilung

Reicht der Platz für den Anlagenvermerk oder den Verteilvermerk nicht aus, stehen die Vermerke in Höhe des Grußes – 10 cm vom linken Rand.

Sagt Ihnen unser Angebot zu? • Freundliche Grüße • **Büromöbelfabrik** **Westfalia AG** • i. A. • Verena Hartmann	 **Anlagen** 1 Prospekt 1 Zeichnung • **Verteiler** Vorstand

3 Geschäftsbriefe kundenorientiert formulieren

3.1 Tipps zum Formulieren von Geschäftsbriefen

Gliedern Sie Ihren Brief

Gliedern Sie Ihren Geschäftsbrief. Beginnen Sie mit einer interessanten Einleitung, formulieren Sie den Hauptteil präzise und verständlich. Wählen Sie einen ansprechenden Schlusssatz.

Bauen Sie Ihren Brief logisch auf

Bauen Sie Ihren Brief nach logischen Gesichtspunkten auf. Fassen Sie inhaltlich zusammengehörige Sätze in einem Absatz zusammen. Versuchen Sie auch, eine gewisse Spannung aufzubauen. Um die Aufmerksamkeit zu erhöhen, sollten Sie ankündigen, dass etwas Wichtiges kommt.

Ihr Betreff sollte inhaltlich ansprechen

Damit der Empfänger gleich weiß, worum es in einem Geschäftsbrief geht, sollten Sie einen Betreff wählen, der die wesentlichen Informationen enthält und den Empfänger neugierig macht. Das gilt ganz besonders für unverlangte Angebote. Dazu diese Beispiele: *Poloshirts in modisch-aktuellen Farben (anstelle des Betreffs: Angebot über Poloshirts) – Modische Jacken für jedes Wetter (anstelle des Betreffs: Angebot über modische Jacken)* oder *Ein unvergessliches Erlebnis: Ostseekreuzfahrt nach St. Petersburg (anstelle des Betreffs: Angebot einer Ostseekreuzfahrt nach St. Petersburg)*

Wählen Sie eine ansprechende Anrede

Ist der Empfänger eines Geschäftsbriefes persönlich bekannt, reden Sie ihn persönlich an. Heute sind Anreden wie „Guten Tag Frau ..." oder „Guten Tag Herr ..." üblich. Veraltet ist dagegen die Anrede „Sehr geehrte Frau ..." oder „Sehr geehrter Herr ..." an. Zu salopp ist dagegen „Hallo Herr ..." oder „Hallo Frau ...". In Unternehmen sind die Ansprechpartner oft nicht bekannt. Dann wählen Sie die neutrale Anrede „Sehr geehrte Damen und Herren, ...". Dazu gibt es aber auch schon eine Alternative. „Guten Tag, sehr geehrte Damen und Herren," wird auch oft verwendet.

Formulieren Sie eine interessante Einleitung

Wählen Sie eine spannende Einleitung, in der Sie den Kunden für das neue Produkt „sensibilisieren". Dazu können Sie auch Fragen stellen, die der Kunde mit „ja" beantworten muss. Bedenken Sie immer: Nicht Ihr Unternehmen steht im Vordergrund, sondern der Kunde. Durch eine interessante Einleitung wecken Sie beim Leser Interesse, und regen ihn an, den Brief weiterzulesen. Dazu einige Beispiele: *Möchten Sie Ihren Kunden immer die neuesten Geräte anbieten? Dann ist der Gefrierschrank POLAR 150 genau der richtige für Sie. – Haben Sie schon gehört, dass der XP 350 seit Kurzem auf dem Markt ist? – Kennen Sie schon das neue Notebook XXL 280? Lassen Sie sich die Vorzüge erläutern. – Wollen Sie rationell und kostensparend arbeiten? Dann ...*

Formulieren Sie einen ansprechenden Schlusssatz

Auch für den Schlusssatz bietet sich ein Fragesatz an. Dazu diese Beispiele: *Sagt Ihnen unser Angebot zu? Wenn Sie weitere Informationen wünschen, rufen Sie uns an. – Sind Sie mit unserem Vorschlag einverstanden? – Wie gefällt Ihnen unser Entwurf?*

Wählen Sie den passenden Gruß

Geschäftsbriefe enden mit dem Gruß. Oft verwenden Unternehmen noch den Gruß „Mit freundlichen Grüßen“. Hier zeichnet sich ein Wandel ab. Vereinfacht heißt es schon „Freundliche Grüße“ oder „Freundlicher Gruß“. Das „mit“ in einem Gruß ist also überflüssig. Es handelt sich um eine Floskel, die früher in Geschäftsbriefen üblich war. Um die Jahrhundertwende vom 19. zum 20. Jahrhundert hieß der Gruß noch „ ... und verbleiben mit vorzüglicher Hochachtung Ihr ergebenster ...“ Lange Zeit war der Gruß „Hochachtungsvoll“ üblich. Heute wird der Gruß moderner formuliert. Er kann beispielsweise lauten: „Freundliche Grüße aus ...“ oder „Freundliche Grüße nach ...“. Das Substantiv „Grüße“ können Sie natürlich auch durch ein Verb ersetzen. Eine Alternative ist der Gruß „Freundlich grüßt Sie“.

Beachten Sie den Satzbau

Je nachdem, wo ein Wort innerhalb des Satzes steht, wird es unterschiedlich betont. Die Aufmerksamkeit des Lesers ist auf den Satzanfang gerichtet. Darum ist es wichtig, dass Sie das Wort, das Sie betonen wollen, an den Satzanfang stellen. Dazu diese Beispiele: *Wir haben Sie **schon wiederholt** gebeten, uns Ihre Reiseberichte rechtzeitig zuzusenden. – **Schon wiederholt** haben wir Sie gebeten, uns Ihre Reiseberichte rechtzeitig zuzusenden.*

Stoßen Sie den Empfänger auf bestimmte Textpassagen

Um die Aufmerksamkeit des Lesers zu erhöhen, sagen Sie ihm einfach, dass etwas Wichtiges kommt. Dazu einige Beispiele: *Auch das dürfte für Sie wichtig sein: ... – Welche Vorteile hat das für Sie? ... Auch diesen Punkt sollten Sie berücksichtigen: ...*

Freundlichkeit zahlt sich aus

Ein freundlich verfasster Brief spricht den Empfänger mehr an als ein sachlich formulierter, unpersönlicher Brief. Gehen Sie auf die persönlichen Wünsche des Empfängers ein und bringen Sie seiner Situation Verständnis entgegen. Verwenden Sie gelegentlich das Wort „bitte“. Oft sind es die Kleinigkeiten, durch die Sie eine große Wirkung erzielen.

Überzeugen Sie durch Argumente

Überzeugen Sie den Empfänger durch Argumente. Das übertriebene Anpreisen von Produkten führt oft nicht zum gewünschten Erfolg. Ist der Empfänger von den Vorzügen des Artikels überzeugt, wird er ihn auch kaufen. Wählen Sie darum Formulierungen wie diese: *Überzeugen Sie sich von den Vorzügen des Smartphones XP, indem Sie es testen. – Finden Sie die Vorzüge des neuen MONSUN TURBO bei einer Testfahrt heraus.*

Vermeiden Sie übertriebene Höflichkeit

Schreiben Sie stets höflich. Vermeiden Sie aber eine übertriebene Höflichkeit, weil Ihr Brief dadurch eher unnatürlich klingt. Oft meinen die Verfasser von Briefen, dass Wörter wie „mögen“, „möchten“ und „dürfen“ zurückhaltender wirken. In vielen Fällen ist dann aber nicht mehr eindeutig, was der Verfasser ursprünglich aussagen wollte. Drücken Sie sich darum klar und eindeutig aus und schreiben Sie so, wie Sie sprechen.

Ihr Briefpartner ist ein gleichberechtigter Partner – drücken Sie negative Inhalte positiv aus

Behandeln Sie den Empfänger Ihres Briefes als gleichberechtigten Partner. Geben Sie ihm nicht das Gefühl, über ihm zu stehen. Vermeiden Sie Belehrungen, die den Empfänger verärgern. Ihr Ziel ist es doch, das Verhalten des Briefpartners positiv zu verändern. Greifen Sie ihn nicht direkt an. Denken Sie immer daran, wie Sie reagieren, wenn Sie negativ angesprochen werden. Drücken Sie sich auch bei negativen Sachverhalten positiv aus und bieten Sie Alternativen an, z. B. *Was halten Sie denn von diesem Vorschlag?*

Bleiben Sie ruhig und sachlich – auch wenn der Absender unsachlich argumentiert

Es gibt verschiedene Anlässe, die eine Geschäftsbeziehung stören: Die bestellte Ware trifft nicht rechtzeitig ein oder die gelieferten Artikel weisen Fehler auf. Besonders ärgerlich ist es, wenn der Kunde den Rechnungsbetrag nicht rechtzeitig begleicht. Bleiben Sie auch dann ruhig und sachlich, wenn der Absender unsachlich argumentiert und Sie sich verletzt fühlen. Mit einem freundlich formulierten Brief erreichen Sie mehr als mit einem unfreundlich verfassten Brief.

Fragen Sie sich, wie Sie als Empfänger Ihres Briefes reagieren

Haben Sie den Brief vollständig verfasst, lesen Sie ihn noch einmal durch. Versetzen Sie sich dabei in die Lage des Empfängers. Fragen Sie sich, wie Sie als Empfänger des Briefes auf Ihre eigenen Formulierungen reagieren. Empfinden Sie Ihre Wortwahl negativ, sollten Sie den Brief noch einmal stilistisch überarbeiten. Verfassen Sie Ihre Geschäftsbriefe professionell und überzeugend.

Bilden Sie Fragesätze

Wollen Sie Ihren Brief lebendiger gestalten, dann formulieren Sie nicht nur Aussagesätze, sondern auch Fragesätze. Verfolgen Sie mit Ihren Formulierungen ein bestimmtes Ziel, dann stellen Sie Fragen, die der Empfänger bejahen muss. Wenn der Empfänger einer Frage zustimmt, zeigt er Interesse und liest den Brief weiter. Ihre Formulierungen entscheiden über den Erfolg. Seien Sie darum bei Ihrer Wortwahl psychologisch geschickt. Anstelle des Satzes *„Wir hoffen, dass Ihnen unser Angebot zusagt, und stehen Ihnen für weitere Fragen gern zur Verfügung.“* schreiben Sie doch besser *„Sagt Ihnen unser Angebot zu? Wenn Sie weitere Informationen wünschen, rufen Sie uns an.“*

Verzichten Sie auf überflüssige Wörter

Drücken Sie sich klar und verständlich aus. Vermeiden Sie darum überflüssige Wörter. Entbehrlich sind z. B. Formulierungen wie *„...teilen wir Ihnen mit, ...“.* Dass Sie in einem Geschäftsbrief etwas mitteilen, erwähnen Sie nicht. Das gilt auch für die Ankündigung einer Information. Überflüssig sind also Formulierungen, die darauf hinweisen, dass in dem Text etwas folgt. Dazu diese Beispiele: *„Nachstehend ...“, „Folgendes ...“, „...wie folgt...“* Auch Hinweise auf die beigefügten Anlagen verzichten Sie. Bilden Sie also keine Sätze mit *„Als Anlage senden wir ...“, „... die beiliegende (anliegende) Broschüre“, „... die beigefügten Anlagen ...“, „Anbei senden wir Ihnen ...“* oder *„Mit diesem Schreiben erhalten Sie ...“.*

Um auf die Anlagen hinzuweisen, empfehlen sich solche Formulierungen: *Weitere Details entnehmen Sie bitte dem Prospekt. – Lesen Sie dazu die Informationen in unserem Prospekt.* Aus dem Anlagenvermerk geht hervor, welche Unterlagen Sie dem Geschäftsbrief beifügen. – Auch auf das Wort *„hiermit"* sollten Sie immer verzichten. Als Negativbeispiel dient dieser Satz: *Hiermit übersenden wir Ihnen den gewünschten Katalog.*

Auch Füllwörter sind überflüssig

Auf Füllwörter wie „na", „denn", „so", „ja", „doch" können Sie meistens verzichten. Oft können Sie aber durch diese Wörter einer Aussage eine bestimmte Tendenz geben. Die Sprachwissenschaft spricht bei solchen Wörtern von Modal- oder Abtönungspartikeln. Dazu zwei Beispiele: Wie lange sollen wir *denn eigentlich* noch auf die bestellten Artikel warten? – Wann werden Sie uns *denn* endlich beliefern? In diesen Sätzen mildern die Wörter „denn" und „eigentlich" die Formulierung ab.

Bevorzugen Sie einen aktiven Schreibstil

Bevorzugen Sie einen aktiven Schreibstil anstelle passiver Formulierungen. Beispiele: *Die bestellten Bürostühle werden Ihnen in der nächsten Woche geliefert.* Besser: *Die bestellten Bürostühle erhalten Sie in der nächsten Woche. Wenn wir nicht rechtzeitig liefern können, werden Sie informiert.* Besser: *Wenn wir nicht rechtzeitig liefern können, informieren wir Sie.*

Keine Phrasen oder Floskeln verwenden

Vermeiden Sie Phrasen oder Floskeln, die vom Wesentlichen ablenken. Sie beeinträchtigen das Verstehen des Textes. Das alte Kaufmannsdeutsch gehört nicht mehr zu unserer Gegenwartssprache. Ihre Briefe sollten Sie modern formulieren. Beispiel: *Bezug nehmend auf Ihr Schreiben möchten wir noch hinzufügen, dass wir Sie bereits mehrfach aufgefordert haben, die Rechnungsbeträge pünktlich zu begleichen.* Informationen zu einem vorausgegangenen Schreiben bekommt der Empfänger durch den Informationsblock. Besser formulieren Sie so: *Schon mehrfach haben wir Sie aufgefordert, die Rechnungsbeträge pünktlich zu begleichen."*

Verwenden Sie keine veralteten Formulierungen

Verwenden Sie keine veralteten Formulierungen. *„Bezug nehmen", „diesbezüglich", „nebst", „Zuhilfenahme", „beinhalten", „in Abzug bringen", „baldmöglichst", „schnellstmöglich", „zur Verfügung stehen"* sollten in keinem modernen Brief vorkommen. Bevorzugen Sie stattdessen eine Ausdrucksweise, die ihrer Umgangssprache entspricht.

Vermeiden Sie Wiederholungen – drücken Sie nichts doppelt aus

Wiederholungen des Ausdrucks sollten Sie vermeiden. Das ist mitunter sehr schwer, weil sich bestimmte Wörter nicht durch andere ersetzen lassen. Denken Sie dabei an die Hilfsverben *„haben", „sein", „werden"* oder die Artikel *„der", „die"* und *„das".* Anders ist es da schon bei der Häufung sinngleicher oder doppelter Ausdrücke, die als Pleonasmen bzw. Tautologien bezeichnet werden. Dazu gehören diese Beispiele: *„Der weiße Schimmel", „die schwarze Kohle", „der schriftliche Brief", „die Tastaturtasten"* usw.

Bevorzugen Sie Verben

Bevorzugen Sie in Ihren Briefen Verben, die treffend das ausdrücken, was Sie dem Empfänger mitteilen möchten. Verzichten Sie darum auf den Nominalstil, weil er umständlich und schwerfällig klingt. Ersetzen Sie Nomen durch Verben, wirkt Ihr Briefstil gleich flüssiger. Wörter mit der Nachsilbe *„-ung"* können Sie in den meisten Fällen durch Verben ersetzen. Verwenden Sie anstelle der Wörter *Abrechnung, Absendung, Abtretung, Abwägung, Anwendung, Ausrichtung, Berechnung, Darstellung, Eignung, Empfehlung, Prüfung, Verbindung, Zahlung, Überweisung* die Wörter *abrechnen, absenden, abtreten, abwägen, anwenden, ausrichten, berechnen, darstellen, eignen, empfehlen, prüfen, verbinden, zahlen, überweisen*.

Vermeiden Sie auf den Konjunktiv

Verwenden Sie den Konjunktiv (Möglichkeitsform), drücken Sie sich vage aus und damit nicht eindeutig aus. Bevorzugen Sie stattdessen den Indikativ (Wirklichkeitsform). So drücken Sie sich klar und bestimmt aus. Der Konjunktiv ist entbehrlich! Verzichten Sie darum auf den Konjunktiv mit „würde" „könnte" usw. Anstelle des Satzes *„Würden Sie uns informieren, wenn Sie Einzelheiten erfahren."* schreiben Sie doch besser *„Bitte informieren Sie uns über die Einzelheiten."*

Verzichten Sie auf Partizipien

Formulierungen mit Partizipien wirken steif. Verwenden Sie anstelle von Partizipien (Mittelwörter) Infinitive (Grund- und Nennform), ist ihr Stil lebendiger. Mit einem Mittelwort formuliert lautet der Satz: *Unten stehend haben wir unsere Kommunikationsverbindungen aufgeführt*. Besser formulieren Sie so: *In den Geschäftsangaben finden Sie unsere Kommunikationsverbindungen*.

Wenden Sie „möchten" richtig an

Der von Ihnen formulierte Geschäftsbrief sollte sprachlich einwandfrei sein. Oft wird das Modalverb *„möchten"* verwendet. Dazu ein Beispiel: *Wir möchten Sie bitten, uns zu informieren.* Hier wird das Wort *„möchten"* nicht korrekt verwendet. Besser formuliert lautet der Satz so: *Bitte informieren Sie uns.* Wie sieht es aber in mit diesem Satz aus? *Wir möchten Sie gern persönlich kennenlernen.* In diesem Fall ist es der Wunsch, jemanden kennenzulernen. Hier wird also das Wort *„möchte"* richtig gebraucht.

Verwenden Sie nie das Wort „müssen"

Auf das Wort *„müssen"* sollten Sie grundsätzlich verzichten. Dieses Wort ist zu bestimmend und drückt den Empfänger in eine ganz bestimmte Richtung. Formulieren Sie darum offener. Anstelle des Satzes *„Sie müssen uns umgehend davon in Kenntnis setzen."* formulieren Sie doch den Satz so *„Bitte informieren Sie uns sofort."*.

3.2 Negative und positive Formulierungen

Mit der Einleitung Interesse wecken

Absenderbezogene Einleitung	Empfängerbezogene Einleitung
Nachdem unser Modell **EXTRA** sehr guten Anklang gefunden hat, weisen wir Sie heute auf unser neues Komfortmobil hin.	Mit der Wahl Ihres Automobils **EXTRA** haben Sie bewiesen, dass Sie gehobene Ansprüche an Technik und Fahrkultur stellen. Heute erfahren Sie Details über unser neues Komfortmobil.
Unser Unternehmen ist führend in der Unternehmensberatung. Wir können Ihnen sagen, wie Sie die Effizienz Ihrer Verwaltung steigern können, um ein Drittel der Verwaltungskosten zu senken.	Sie suchen nach neuen Wegen, um die Effizienz Ihrer Verwaltung zu steigern? Dann sind Sie bei uns richtig. Unsere Unternehmensberater entwickeln Ihnen Konzepte, wie Sie die Verwaltungskosten um mehr als ein Drittel senken können.
Wir danken Ihnen für Ihre Anfrage.	Sie wünschen in Ihrer Anfrage ein günstiges Angebot über Personal Computer. Für Sie haben wir den richtigen PC: ...

Formulieren Sie klare und verständliche Sätze

Umständlich formuliert	Klar und verständlich formuliert
Vielen Dank für das uns entgegengebrachte Vertrauen.	Für Ihr Vertrauen danken wir Ihnen.
Mit unserem heutigen Schreiben bieten wir Ihnen unseren neuen Schonkaffee an.	Versuchen Sie es einmal mit unserem neuen Schonkaffee.
Eine Probebestellung wird Ihnen die gewohnte Güte unserer Waren bestätigen.	Überzeugen Sie sich durch eine Probebestellung von der Qualität unserer Erzeugnisse.
Für weitere Fragen stehen wir gern zur Verfügung.	Ihre weiteren Fragen beantworten wir gern.

Stellen Sie den Empfänger in den Mittelpunkt

Absenderbezogen	Empfängerbezogen
Unser Laserdrucker LDX erfreut sich überall größter Beliebtheit. Die Druckleistung ist hervorragend.	Versuchen Sie es einmal mit unserem Laserdrucker LDX. Die hervorragende Druckleistung wird Sie sicher beeindrucken.
Unser Büro ist jetzt nur noch von 09:00 Uhr bis 12:00 Uhr geöffnet.	Für Sie ist unser Büro täglich von 09:00 Uhr bis 12:00 Uhr geöffnet.

Vermeiden Sie überflüssige Wörter

Überflüssige Textteile	Präzise formuliert
Nachstehend geben wir Ihnen einige Informationen über die neuen Produkte.	Lesen Sie unsere Informationen über die neuen Produkte.
Hiermit übersenden wir Ihnen den erbetenen Katalog.	Sie erhalten heute den gewünschten Katalog.
Ihre *berechtigte* Beanstandung wird von uns anerkannt.	Ihre Beanstandung erkennen wir an.
Mit den *von Ihnen übersandten* Zahlungsbedingungen können wir uns einverstanden erklären.	Mit Ihren Zahlungsbedingungen sind wir einverstanden.
Wir möchten Sie bitten uns mitzuteilen, ob Sie mit unserer Anregung einverstanden sind.	Sind Sie mit unserem Vorschlag einverstanden?

Ersetzen Sie Substantive durch Verben

Verwenden von Substantiven	Verwenden von Verben
Unser Außendienstmitarbeiter, Herr Meier, wird seine Tätigkeit am 1. September d. J. für uns aufnehmen.	Ab 1. September d. J. betreut Sie unser Außendienstmitarbeiter, Herr Meier.
Ihrer Überweisung sehen wir bis zum 15. d. M. entgegen.	Bitte überweisen Sie den Betrag bis zum 15. September 20..
Wir hoffen sehr, dass unser Angebot Ihren Vorstellungen entspricht, und stehen zur Beratung gern zur Verfügung.	Sagt Ihnen unser Angebot zu? Wenn Sie weitere Informationen wünschen, beraten wir Sie gern.

Drücken Sie negative Inhalte positiv aus – Versetzen Sie sich in die Lage des Empfängers

Negativ formuliert	Positiv formuliert
Wir baten Sie, uns unverzüglich die Abrechnung zu übersenden. Leider sind Sie dieser Aufforderung bisher nicht nachgekommen.	Durch Ihre vielfältige Arbeit haben Sie sicher noch nicht die Zeit gefunden, uns Ihre Abrechnung zu übersenden.
Auch auf Ihren letzten Abrechnungen fehlte wieder die Bankleitzahl. Wir hatten Sie bereits darauf hingewiesen, alle Angaben vollständig zu machen.	Auf Ihrer letzten Abrechnung haben Sie übersehen, die Bankleitzahl einzusetzen. Sie erleichtern uns die Arbeit, wenn Sie alle Angaben vollständig einsetzen.
Fehler dieser Art haben wir schon zum dritten Male feststellen müssen. Künftig sind wir nicht mehr an einer Zusammenarbeit interessiert.	Mit Ihrer Lieferung waren wir auch diesmal nicht zufrieden. Wenn Sie uns künftig nicht sorgfältiger beliefern, müssen wir uns nach einem anderen Lieferer umsehen.

4 Formulieren spezieller Geschäftsbriefe

4.1 Tipps zum Formulieren von Werbebriefen

Stellen Sie den Kunden in den Mittelpunkt

Wer heute Kunden gewinnen will, muss sie umwerben. Das bedeutet, dass Sie Ihre Formulierungen so wählen, dass sich der Kunde angesprochen fühlt. Fassen Sie Ihre Geschäftsbriefe persönlich, freundlich, prägnant und informativ ab. Denken Sie daran, dass jeder Geschäftsbrief ein Werbebrief für Ihr Unternehmen ist.

Erzeugen Sie durch eine interessante Einleitung Aufmerksamkeit und rufen Sie Interesse hervor

Gerade in Werbebriefen ist es wichtig, beim Empfänger Interesse zu wecken. Darum kommt der Einleitung eine besondere Bedeutung zu. Wählen Sie darum eine spannende Einleitung, in der Sie den Kunden für das neue Produkt „sensibilisieren“. Dazu können Sie auch Fragen stellen, die der Kunde mit „ja“ beantworten muss. Bedenken Sie immer: Nicht Ihr Unternehmen steht im Vordergrund, sondern der Kunde. Verwenden Sie darum kundenorientierte Formulierungen. Reden Sie ihn darum mit „Sie“ und „Ihnen“ an.

Überzeugen Sie durch Argumente

Überzeugen Sie den Empfänger durch Argumente. Das übertriebene Anpreisen von Produkten führt oft nicht zum gewünschten Erfolg. Ist der Empfänger von den Vorzügen eines Artikels überzeugt, wird er ihn auch kaufen.

Gewinnen Sie Sympathien

Formulieren Sie so, dass Sie Sympathien gewinnen. Mit unkomplizierten und persönlichen Briefen werden Sie sicher Pluspunkte sammeln. Einfache und verständliche Sätze machen es dem Empfänger leicht, Sie gleich zu verstehen. Oder schätzen Sie Briefe, die Sie mehrmals lesen müssen, um den Absender zu verstehen?

Bilden Sie Fragesätze

Wollen Sie Ihren Brief lebendiger gestalten, dann formulieren Sie nicht nur Aussagesätze, sondern auch Fragesätze. Verfolgen Sie mit Ihren Formulierungen ein bestimmtes Ziel, dann stellen Sie Fragen, die der Empfänger bejahen muss. Wenn der Empfänger einer Frage zustimmt, zeigt er Interesse und liest den Brief weiter. Ihre Formulierungen entscheiden über den Erfolg. Seien Sie darum bei Ihrer Wortwahl psychologisch geschickt.

Formulieren Sie einen modernen Schlusssatz

Oft lesen Sie als Schlusssatz eines Geschäftsbriefes diesen Satz: *„Für weitere Fragen stehen wir Ihnen selbstverständlich gern zur Verfügung.“* Ein solcher Satz dürfte den Empfänger des Briefes wenig ansprechen. Den Briefabschluss sollten Sie persönlich formulieren. Für welche Wortwahl Sie sich entscheiden, hängt von Ihrem Kommunikationspartner ab.

4.2 Werbebrief

Büroorganisation Krämer GmbH

Mitarbeiter: Dietmar Schöne
Abteilung: Verkauf

Telefon: 0231 353515-30
Telefax: 0231 353515-10
E-Mail: schoene@buero-kraemer-wvd.com
Internet: www.buero-kraemer-wvd.com

Datum: 20..-08-16

Büroorganisation Krämer GmbH · Postfach 25 15 45 · 44137 Dortmund
Versicherungen
Krüger & Stein GmbH
Postfach 21 39 56
44787 Bochum

Optimale Arbeitsbedingungen durch das Schreibtischsystem ERGOLINE

Guten Tag, sehr geehrte Damen und Herren,

um den individuellen Anforderungen Ihrer Büroumgebung zu entsprechen, haben wir das modulare

Schreibtischsystem ERGOLINE

entwickelt, das sich funktionell und flexibel einsetzen lässt. Die Möbel schaffen optimale Arbeitsbedingungen, weil sie dem menschlichen Bewegungsapparat angepasst sind.

Mit unserem Schreibtischsystem **ERGOLINE** orientieren wir uns an dem wachsenden Bedarf des Marktes nach räumlicher Flexibilität, Funktionalität und optimierter Raumausnutzung sowie ergonomischen Ansprüchen. Der Kunde hat die Möglichkeit, das Schreibtischmöbelprogramm nach seinen individuellen Vorstellungen einer optimalen Bürolandschaft anzupassen. Die Arbeitsfläche lässt sich in der Höhe von 675 bis 765 mm einstellen. Das Schreibtischsystem erhalten Sie in den Farben *Buche, Kirschbaum, Ahorn* oder *Grau*. Weitere Details entnehmen Sie bitte der Broschüre.

Möchten Sie das Schreibtischsystem **ERGOLINE** näher kennenlernen? Dann informieren Sie uns.

Freundliche Grüße

Büroorganisation
Krämer GmbH

i. A.

Dietmar Schöne

Anlage
1 Broschüre

Geschäftsräume
Zwickauer Straße 15 – 18
44139 Dortmund

E-Mail
info@buero-kraemer-wvd.com

Sparkasse Dortmund
IBAN: DE76 4405 0199 0000 2531 89
BIC: DORTDE33XXX

Geschäftsführerin
Sabine Krämer

Sitz der Gesellschaft: Dortmund · Handelsregister B 95 351 beim Amtsgericht Dortmund

4.3 Werbebrief an einen Händlerkunden

GARTO Gartenmöbel AG

GARTO Gartenmöbel AG · Postfach 45 99 22 · 30159 Hannover
Garten- und Baumarkt
CENTRO GmbH
Postfach 42 20 13
22767 Hamburg

Mitarbeiterin: Melanie Kleine
Abteilung: Verkauf
Kunden-Nr.: 569

Telefon: 0511 22222-86
Telefax: 0511 22222-88
E-Mail: kleine@garto-wvd.com
Internet: www.garto-wvd.com

Datum: 20..-04-12

Gartenmöbel für höchste Qualitätsansprüche

Guten Tag, sehr geehrte Damen und Herren,

jeder Garten, jeder noch so kleine Balkon ist eine Oase im Alltag, eine eigene ganz private Welt zum Entspannen und Genießen. Mit unserer Erfahrung, Gartenmöbel zu entwerfen, die höchsten Qualitätsansprüchen gerecht werden, wollen wir Ihren Kunden diesen wertvollen Wohnraum noch wohnlicher machen: Mit unseren **klassisch-eleganten Möbeln aus Aluminium** für Garten, Terrasse, Balkon und Wintergarten.

Durch das wachsende Interesse unserer Kunden an hochwertigen Gartenmöbeln entwickelte sich unser heutiges Angebot. Auf 212 Seiten präsentieren wir Ihnen in unserem Sommerkatalog rund 100 verschiedene Artikel. Alle Erzeugnisse sind aus Aluminiumguss hergestellt, haben eine wetterfeste Pulverbeschichtung und sind dadurch besonders pflegeleicht. Fordern Sie diesen Katalog kostenlos an.

Alle Produkte liefern wir Ihnen innerhalb 14 Tagen. Im Übrigen gelten unsere allgemeinen Liefer- und Zahlungsbedingungen.

Möchten Sie unsere Gartenmöbel in Ihr Verkaufsprogramm aufnehmen? Dann senden Sie uns die vorbereitete Antwortkarte noch heute zu.

Freundliche Grüße

GARTO Gartenmöbel AG

i. A.

Melanie Kleine

Anlage
1 Antwortkarte

GARTO Gartenmöbel AG
Haselünner Straße 38 – 40
30539 Hannover

E-Mail
info@garto-wvd.com

Sparkasse Hannover
IBAN: DE44 2505 0180 0000 5235 36
BIC: SPKHDE2HXXX

Sitz der Gesellschaft: Hannover
Handelsregister B 52 189
Amtsgericht Hannover

Vorsitzender des Aufsichtsrates: Dr. Heinz Brauer · Vorsitzender des Vorstandes: Dr. Felix Müller · Vorstand: Claudia Schöne

4.4 Die Anfrage

In der Anfrage bittet der Kunde den Lieferer um ein Angebot. Die Anfrage ist völlig unverbindlich und ohne rechtliche Wirkung. Zwischen einer **allgemeinen** und **bestimmten Anfrage** ist zu unterscheiden.

Wünscht der Kunde z. B. Kataloge, Preislisten, Muster oder den Besuch eines Vertreters, handelt es sich um eine allgemeine Anfrage. In der bestimmten Anfrage sind genaue Einzelheiten über die gewünschte Ware, die Menge, die Qualität, die Preise, die Liefer- und Zahlungsbedingungen aufzuführen.

Formulierung

- Führen Sie den Grund für Ihre Anfrage auf.
- Weisen Sie auf die Informationsquelle hin.
- Stellen Sie Ihr Unternehmen kurz vor, wenn es sich um die erste Anfrage handelt.
- Bitten Sie in einer bestimmten Anfrage um eine genaue Beschreibung der Ware, um Angabe der Menge, Qualität, Preise sowie der Liefer- und Zahlungsbedingungen.
- Wählen Sie einen ansprechenden Schlusssatz.

Formulierung

Beginnen Sie mit Hinweisen auf die Informationsquelle. Haben Sie die Anschrift des Lieferers aus dem Internet, einer Fachzeitschrift, der Tageszeitung, von Geschäftsfreunden oder auf einer Messe erfahren? Führen Sie den Grund Ihrer Anfrage auf. Wenn es sich um eine erste Anfrage handelt, stellen Sie Ihr Unternehmen kurz vor. Bei einer bestimmten Anfrage muss die Ware nach Güte, Beschaffenheit, Menge usw. genau beschrieben werden. Erfragen Sie die Preise sowie die Liefer- und Zahlungsbedingungen.

Formulierungsbeispiel für eine Anfrage ohne vorherige Geschäftsbeziehung

Durch Ihre Anzeige in der Fachzeitschrift „Der Möbelmarkt“ erfuhren wir, dass Sie Wohnmöbel herstellen. Unseren Kunden möchten wir künftig qualitativ hochwertige und preisgünstige Schlafsofas anbieten.

Unser Möbelmarkt in der Stadtmitte von Hannover besteht seit 1985. Seit dieser Zeit haben sich die Umsätze ständig erhöht. Zurzeit beschäftigen wir zurzeit 23 Mitarbeiterinnen und Mitarbeiter. Auf einer Verkaufsfläche von 2000 m^2 bieten wir unseren Kunden Qualitätswohnmöbel an.

Bitte senden Sie uns ein **Angebot über Schlafsofas** in einer Breite von 200 cm, einer Höhe von 98 cm, einer Tiefe von 100 cm und einer Liegefläche von 150 x 200 cm. Die Möbel sollen über einen ausziehbaren Bettkasten und dreistufig verstellbare Armlehnen verfügen. Den Bezug wünschen wir aus Büffelleder.

Wie sind Ihre Liefer- und Zahlungsbedingungen? Informieren Sie uns auch über die Rabatte bei einer Abnahme größerer Mengen.

Sicher werden Sie uns ein attraktives Angebot unterbreiten. Darauf sind wir schon heute sehr gespannt.

4.5 Geschäftsbrief: Bestimmte Anfrage ohne vorausgehende Geschäftsbeziehung

Bürosysteme Peters GmbH

Mitarbeiterin: Katja Finke
Abteilung: Einkauf

Bürosysteme Peters GmbH · Postfach 58 19 20 · 59555 Lippstadt
Büromöbelfabrik
Westfalia AG
Postfach 33 44 66
44148 Dortmund

Telefon: 02941 53554-26
Telefax: 02941 53554-27
E-Mail: finke@buero-peters-wvd.com
Internet: www.buero-peters-wvd.com

Datum: 20..-05-29

Anfrage nach Konferenzsesseln

Guten Tag, sehr geehrte Damen und Herren,

durch Ihre gelungene Internetpräsentation stießen wir auf Ihr Unternehmen. Als Händler ist es unser Bestreben, unseren Kunden qualitativ hochwertige Artikel anzubieten. Konferenzsessel möchten wir neu in unser Sortiment aufnehmen.

Unser Unternehmen wurde im Jahr 1987 von Silvia und Frank Peters gegründet. Durch unser aktuelles und qualitativ hochwertiges Angebot an Büromöbeln konnten wir unseren Umsatz kontinuierlich steigern. Zurzeit beschäftigen wir 18 Mitarbeiterinnen und Mitarbeiter.

Bitte senden Sie uns ein Angebot über

Konferenzsessel mit einem Schwinggestell.

Eine höhenverstellbare Armlehne und eine Rückenlehnen-Arretierung sollen vorhanden sein. Zusätzlich wünschen wir eine Polsterung mit Lederüberzug. Die Sessel sollen ein angenehmes Sitzen bei längeren Sitzungen und Veranstaltungen ermöglichen.

Können Sie uns bis zum 15. Juni d. J. beliefern? Gewähren Sie bei Abnahme größerer Mengen auch Rabatte? Wie sind Ihre Zahlungsmodalitäten?

Sicher werden Sie uns ein günstiges Angebot zusenden.

Freundliche Grüße

Bürosysteme Peters GmbH

i. A.

Katja Finke

Geschäftsräume
Raiffeisenstraße 3 – 7
59557 Lippstadt

E-Mail
info@buero-peters-wvd.com

Sparkasse Lippstadt
IBAN: DE26 4165 0001 0005 7236 28
BIC: WELADED1LIP

Geschäftsführerin
Stefanie Peters

Sitz der Gesellschaft: Lippstadt · Handelsregister B 5496 beim Amtsgericht Lippstadt

4.6 Geschäftsbrief: Bestimmte Anfrage mit vorausgehender Geschäftsbeziehung

Bürosysteme Peters GmbH

Bürosysteme Peters GmbH · Postfach 58 19 20 · 59555 Lippstadt
Bürodesign
Brenneke GmbH
Postfach 44 55 77
01069 Dresden

Mitarbeiterin:	Katja Finke
Abteilung:	Einkauf
Telefon:	02941 53554-26
Telefax:	02941 53554-27
E-Mail:	finke@buero-peters-wvd.com
Internet:	www.buero-peters-wvd.com
Datum:	20..-02-29

Anfrage nach Integralschreibtischen

Guten Tag, sehr geehrte Damen und Herren,

als Händler sind wir bestrebt, unseren Kunden qualitativ hochwertige Artikel anzubieten. Integralschreibtische möchten wir neu in unser Sortiment aufnehmen.

Bitte senden Sie uns ein Angebot über

Integralschreibtische

in Weiß oder Anthrazit. Die Tische sollen eine Arbeitshöhe von 72 bis 117 cm haben. Der Drucker und der PC sollen mit Halterungen an den Seiten des Tisches angebracht werden. Eine abklappbare Kabelwanne soll Steckdosen und Restkabel aufnehmen.

Können Sie uns bis zum 15. März d. J. beliefern?

Auf Ihr günstiges Angebot sind wir schon heute sehr gespannt.

Freundliche Grüße

Bürosysteme Peters GmbH

i. A.

Katja Finke

Geschäftsräume
Raiffeisenstraße 3 – 7
59557 Lippstadt

E-Mail
info@buero-peters-wvd.com

Sparkasse Lippstadt
IBAN: DE26 4165 0001 0005 7236 28
BIC: WELADED1LIP

Geschäftsführerin
Stefanie Peters

Sitz der Gesellschaft: Lippstadt · Handelsregister B 5496 beim Amtsgericht Lippstadt

4.7 Das Angebot

Das Angebot ist die Willenserklärung des Anbieters, Waren zu bestimmten Bedingungen an den Interessenten zu verkaufen. Das Angebot ist sorgfältig abzufassen, denn durch die Annahme des Angebotes, in der Regel ist das eine Bestellung, entsteht der Kaufvertrag.

Nach der kaufmännischen Wirkung müssen Sie zwischen **verlangten, wiederholten** und **unverlangten** Angeboten unterscheiden. Einem verlangten Angebot geht eine Anfrage voraus. Bei einem wiederholten Angebot erinnert der Anbieter noch einmal an sein früheres Angebot. Unverlangte Angebote erreichen den Empfänger oft als Werbebriefe, Prospekte, Kataloge usw.

Rechtlich gesehen sind drei Arten von Angeboten zu unterscheiden: In dem **bindenden** Angebot sind Art der Ware, Menge, Qualität, Preise sowie Liefer- und Zahlungsbedingungen aufgeführt. Das **unverbindliche** Angebot enthält Einschränkungen, z. B. „freibleibend" oder „solange der Vorrat reicht". Das **befristete** Angebot hingegen enthält einen Termin, bis zu dem es gilt.

Formulierung

- Beziehen Sie sich bei einem verlangten Angebot auf die Anfrage.
- Wählen Sie bei einem unverlangten Angebot die Einleitung so, dass sich der Leser angesprochen fühlt.
- Beschreiben Sie die Art der Ware, die Qualität, die Menge, die Lieferzeit, die Liefer- und Zahlungsbedingungen.
- Nennen Sie den Preis.
- Wählen Sie einen ansprechenden Schlusssatz.

Formulierungsbeispiel für ein verlangtes, bindendes Angebot

Sie wünschen ein Angebot über Schreibtische. Für Sie haben wir den optimalen Schreibtisch, der Ihren Wünschen entspricht.

Den Integralschreibtisch **„Tradition"** bieten wir Ihnen zum Einzelpreis von **930,00 €** an. Diesen Schreibtisch können Sie als Konferenz- oder Arbeitstisch verwenden. Die optimale Höhe lässt sich zwischen 66 cm und 7,4 cm einstellen. Für Ihre Arbeit am Computer sind horizontale und vertikale Kabelkanäle integriert. Am linken Seitenteil des Tisches finden Sie eine Halterung für Ihren Drucker. Eine variable Gehäusehalterung für den PC ist an der rechten Seite vorhanden. Zwischen verschiedenen Tischfarben können Sie wählen. Weitere Einzelheiten entnehmen Sie bitte dem Prospekt.

Die Schreibtische erhalten Sie innerhalb 10 Tagen frei Haus. Bei einer Abnahme von 10 Tischen gewähren wir Ihnen einen Rabatt von 8 %. Überweisen Sie den Rechnungsbetrag innerhalb 8 Tagen, können Sie 2 % Skonto von der Rechnungssumme abziehen.

Sagt Ihnen unser Angebot zu? Wenn Sie Fragen haben, rufen Sie uns einfach an.

4.8 Geschäftsbrief: Verlangtes, bindendes Angebot

Sport- und Freizeitschuhe GmbH

Mitarbeiter:	Alexander Breit
Abteilung:	Verkauf
Kunden-Nr.:	W 423
Telefon:	06031 35102-66
Telefax:	06031 35102-67
E-Mail:	breit@sportschuhe-wvd.com
Internet:	www.sportschuhe-wvd.com
Datum:	20..-02-26

Sport- und Freizeitschuhe · Postfach 5 28 25 · 67655 Kaiserslautern

Freizeitsport
Hans Westernhagen KG
Frau Natalie Gerber
Postfach 35 68 49
44135 Dortmund

Angebot über Nordic-Walking-Schuhe

Guten Tag Frau Gerber,

Sie wünschen in Ihrer Anfrage ein Angebot über Nordic-Walking-Schuhe. Für Damen und Herren haben wir die idealen Trainingsschuhe.

Den Damen-Nordic-Walking-Schuh *Nordic Lady* mit Klimafutter, einem herausnehmbaren und anatomisch geformten Schuhbett, einer rutschfesten Gummiprofilsohle und einem Nylon-Gelenkstabilisator in den Größen 3,5 bis 8 bieten wir Ihnen schon für **39,50 €** an.

Auch für Herren haben wir den optimalen Walkingschuh. Den Herren-Multifunktionsschuh *„Master XO Men"* mit Gore-Tex-Futter, einem herausnehmbaren und einem anatomisch geformten Fußbett, einer rutschfesten Gummiprofilsohle und einem Weichtrittkeil in den Größen 6 bis 12 erhalten Sie bei uns zum Vorzugspreis von **49,90 €**. Mehr Informationen über beide Schuhe finden Sie in unserem Katalog.

Bei einer Abnahme von 20 Stück gewähren wir Ihnen einen Rabatt von 7 %. Die Schuhe bekommen Sie in spätestens 10 Tagen frei Haus. Überweisen Sie den Rechnungsbetrag innerhalb 8 Tagen, können Sie 2 % Skonto vom Rechnungsbetrag abziehen.

Sagt Ihnen dieses Angebot zu? Dann zögern Sie nicht lange und bestellen Sie sofort.

Freundliche Grüße

Sport- und Freizeitschuhe GmbH

i. A.

Alexander Breit

Anlage
1 Katalog

Geschäftsräume
Frankenstraße 15 – 17
67661 Kaiserslautern

E-Mail
info@sportschuhe-wvd.com

Stadtsparkasse Kaiserslautern
IBAN: DE19 5405 0110 0005 76273 52
BIC: MALADE51KLS

Geschäftsführer
Dr. Markus Voss

Sitz der Gesellschaft: Kaiserslautern · Handelsregister B 8626 beim Amtsgericht Kaiserslautern

4.9 Geschäftsbrief: Verlangtes, befristetes Angebot

Sport- und Freizeittechnik GmbH

Sport- und Freizeittechnik GmbH, Postfach 68 32 85, 14770 Brandenburg
Freizeitsport
Hans Westernhagen KG
Frau Christina Weber
Postfach 35 68 49
44135 Dortmund

Mitarbeiterin:	Julia Freitag
Abteilung:	Verkauf
Kunden-Nr.:	1258
Telefon:	03381 55533-25
Telefax:	03381 55533-26
E-Mail:	freitag@sport-freizeit-wvd.com
Internet:	www.sport-freizeit-wvd.com
Datum:	20..-07-27

Angebot über den Heimtrainer „Karat“

Guten Tag Frau Weber,

in Ihrer Anfrage wünschen Sie ein Angebot über einen Heimtrainer. Um körperlich fit zu bleiben, ist eine regelmäßige sportliche Betätigung zu Hause unerlässlich. Dabei hilft unser **Heimtrainer „Karat“**.

Dieses technisch perfekte Trainingsgerät bieten wir Ihnen

- mit einem wartungsfreien Magnet-Bremssystem,
- einem Trainingscomputer mit sechs Funktionen,
- einer Erholungspulsmessung,
- Halspulssensoren und
- einer Schwungmasse von 6 kg

zum Vorzugspreis von **129,50 €** an. Schon nach kurzer Zeit erlangt der Trainierende mit diesem Gerät der Spitzenklasse die optimale Fitness. Weitere Einzelheiten finden Sie in unserem Prospekt.

Wenn Sie den Rechnungsbetrag innerhalb einer Woche begleichen, können Sie 2 % Skonto von der Rechnungssumme abziehen. Dieses Angebot gilt nur bis zum **10. September d. J.**

Gefällt Ihnen unser Angebot? Wenn Sie weitere Informationen wünschen, dann rufen Sie uns an.

Freundliche Grüße

Sport- und Freizeittechnik GmbH

i. A.

Julia Freitag

Anlage
1 Prospekt

4.10 Geschäftsbrief: Unverlangtes, freibleibendes Angebot

Sportartikel Running GmbH

Sportartikel Running GmbH · Postfach 21 45 95 · 09112 Chemnitz
Sportfachgeschäft
Eickhoff KG
Claus-Hinrich-Straße 28
28759 Bremen

Mitarbeiterin: Tanja Krüger
Abteilung: Verkauf
Kunden-Nr.: 958

Telefon: 0371 52356-126
Telefax: 0371 52356-127
E-Mail: krueger@sport-running-wvd.com
Internet: www.sport-running-wvd.com

Datum: 20..-09-15

Auch für den Profifußball geeignet: der Fußballschuh WEMBLEY

Guten Tag, sehr geehrte Damen und Herren,

Ihr Bestreben ist es, Ihren Kunden nur qualitativ hochwertige Waren anzubieten. Hochwertig verarbeitet und für den Profifußball bestens geeignet ist der Fußballschuh **WEMBLEY**. Schon für **129,90 €** können Sie das Paar Schuhe bei uns beziehen.

Durch den Schaft aus K-Leder passt sich der Schuh optimal dem Fuß an. Er sitzt wie eine zweite Haut. Alle Paare sind nummeriert und limitiert auf 800 Stück. Die Schuhe bieten Sie Ihren Kunden in einem edlen Lederkoffer mit Lederpolitur und zusätzlichen Stollen an. Die Außensohle verfügt über eine neuartige Stollenkonfiguration, sodass ein Wegrutschen kaum möglich ist. Weitere Vorzüge dieses Qualitätsschuhs entnehmen Sie bitte dem Prospekt.

Die Schuhe sind sofort lieferbar. Bestellen Sie 10 Paar, kommen Sie in den Genuss unseres Rabattes von 8 %. Zusätzlich können Sie 2,5 % Skonto vom Rechnungsbetrag abziehen, wenn Sie den Rechnungsbetrag innerhalb acht Tagen überweisen.

Ist dieses Angebot für Sie attraktiv? Dann zögern Sie nicht und bestellen Sie sofort, denn dieses Angebot gilt nur, solange der Artikel vorrätig ist.

Freundliche Grüße

Sportartikel Running GmbH

i. A.

Tanja Krüger

Anlage
1 Prospekt

Geschäftsräume
Südstraße 123 – 126
09125 Chemnitz

E-Mail
info@sport-running-wvd.com

Stadtsparkasse Chemnitz
IBAN: DE72 8705 0000 0003 4762 59
BIC: CHEKDE81XXX

Geschäftsführer
Dr. Felix Hammer

Sitz der Gesellschaft: Chemnitz · Handelsregister B 9726 beim Amtsgericht Chemnitz

4.11 Der Lieferverzug

Mit dem Abschluss des Kaufvertrages verpflichtet sich der Verkäufer, die bestellte Ware innerhalb einer bestimmten Frist und an einem bestimmten Ort dem Käufer zu übergeben. Kommt er dieser Verpflichtung nicht nach, gerät er in Lieferverzug.

Ein Lieferverzug entsteht,

- wenn der Lieferer den Käufer schuldhaft nicht rechtzeitig oder vollständig beliefert
- oder ihn gemahnt hat
- oder ihm eine Frist zur Nachlieferung gesetzt hat.

Ohne eine Nachfrist zu setzen, ist eine sofortige Lieferung durch einen anderen Lieferer möglich. Gegebenenfalls kann Schadenersatz gefordert werden, auch wenn der Käufer auf die Lieferung verzichtet. Nach Ablauf einer Nachfrist kann der Käufer vom Kaufvertrag zurücktreten und evtl. Schadenersatz wegen Nichterfüllung des Kaufvertrages verlangen.

Formulierung

- Beziehen Sie sich auf die Bestellung.
- Verweisen Sie auf die nicht eingehaltene Lieferfrist.
- Setzen Sie dem Lieferer eine Nachfrist.
- Führen Sie mögliche Konsequenzen auf, z. B. Rücktritt vom Kaufvertrag oder eine Schadenersatzforderung.

Formulierungsbeispiel

Auf Ihr Angebot bestellten wir

60 Organisationsschreibtische 178 N

in der Größe 160 x 80 cm, Farbe Beige, zum Preis von 1.280,00 € je Stück. In Ihrem Angebot hatten Sie zugesagt, uns bis zum 10. September d. J. zu beliefern. Dieser Liefertermin ist nun schon um 10 Tage überschritten.

Auf Ihre Zusage haben wir uns fest verlassen. Sie können sich vorstellen, dass wir sehr enttäuscht sind.

Wir setzen Ihnen eine Nachfrist bis zum **30. September d. J.** Sollten Sie die Schreibtische bis zu diesem Termin nicht liefern, treten wir vom Kaufvertrag zurück.

4.12 Geschäftsbrief: Lieferverzug

Serviceagentur Kleeblatt GmbH

Mitarbeiter: Michael Schulte
Abteilung: Verkauf

Telefon: 0231 762513-30
Telefax: 0231 762513-33
E-Mail: schulte@service-kleeblatt-wvd.com
Internet: www.service-kleeblatt-wvd.com

Datum: 20..-05-24

Serviceagentur Kleeblatt GmbH · Postfach 52 45 61 · 44148 Dortmund

Stuttgarter
Küchenmaschinen GmbH
Postfach 11 83 45
70173 Stuttgart

Lieferung des Kaffee-Vollautomaten BRASIL

Guten Tag, sehr geehrte Damen und Herren,

auf Ihr Angebot bestellten wir drei **Kaffee-Vollautomaten der Marke BRASIL**. In unserer Bestellung wünschten wir die Lieferung innerhalb 10 Tagen. Inzwischen sind fünf weitere Tage vergangen, ohne dass die Sendung bei uns eintraf.

Wenn Sie uns nicht innerhalb der nächsten 10 Tage beliefern, treten wir vom Kaufvertrag zurück. Sicher werden Sie jetzt aber alles versuchen, um diese Nachfrist einzuhalten.

Freundliche Grüße

Serviceagentur Kleeblatt GmbH

i. A.

Michael Schulte

Geschäftsräume
Urbanusstraße 36
44369 Dortmund

Telefon
0231 762513-0

E-Mail
info@service-kleeblatt-wvd.com

Sparkasse Dortmund
IBAN: DE25 4405 0199 0007 2376 59
BIC: DORTDE33XXX

Geschäftsführer: Alexander Abel · Sitz der Gesellschaft: Dortmund · Handelsregister B 82 967 beim Amtsgericht Dortmund

4.13 Die Bestellung

Geht einer Bestellung ein Angebot voraus, bezieht sich der Besteller auf dieses Angebot. Die Bestellung kann aber auch nach einem Prospekt, einem Katalog oder einer Preisliste aufgegeben werden. Hat der Käufer bereits Artikel bezogen, verweist er bei späteren Bestellungen auf die frühere Bestellung. Der Käufer kann seine Waren schriftlich, telefonisch oder mündlich bestellen. Bestellungen können Sie auch über das Internet aufgeben. Mündliche oder telefonische Bestellungen sollten nach Möglichkeit schriftlich bestätigt werden.

Ein Kaufvertrag kommt durch ein Angebot und dessen Annahme zustande. Rechtlich gesehen, ist die Bestellung die Willenserklärung des Käufers, die Ware zu den angebotenen Bedingungen zu kaufen. Wird die Bestellung nach einem verbindlichen Angebot erteilt, ist der Kaufvertrag geschlossen.

Formulierung

- Beziehen Sie sich auf das Angebot.
- Beschreiben Sie die Ware, die Sie bestellen, nach Art, Menge, Güte, Größe, Gewicht, Farbe usw.
- Wiederholen Sie den Preis des Angebotes.
- Geben Sie den Liefertermin sowie die Liefer- und Zahlungsbedingungen an.
- Etwaige Sondervereinbarungen sollten Sie erläutern.

Formulierungsvorschlag

Ihr Angebot entspricht unseren Preisvorstellungen. Senden Sie uns

15 DVD-Camcorder DCR-HC 250

zum Einzelpreis von 398,00 €, abzüglich eines Rabattes von 8 %.

Mit Ihren Lieferungs- und Zahlungsbedingungen sind wir einverstanden. Beliefern Sie uns bitte bis zum 25. d. M. Wenn Sie den Liefertermin nicht einhalten können, informieren Sie uns.

Sicher werden Sie uns zuverlässig und pünktlich beliefern.

4.14 Geschäftsbrief: Bestellung

EUROP-Gesellschaft GmbH

Mitarbeiterin:	Stefanie Klemke
Abteilung:	Verkauf
Telefon:	0231 52356-15
Telefax:	0231 52356-16
E-Mail:	klemke@europ-wvd.com
Internet:	www.europ-wvd.com
Datum:	20..-09-10

EUROP-Gesellschaft GmbH · Postfach 35 68 49 · 44135 Dortmund

Büroorganisation
Kampmann GmbH
Frau Tanja Blank
Postfach 32 54 76
44148 Dortmund

Bestellung von Schreibtischen

Guten Tag Frau Blank,

Ihr Angebot über Schreibtische sagt uns zu. Vielen Dank für Ihre detaillierten Ausführungen.

Bitte liefern Sie uns

10 Integralschreibtische der Marke „Tradition“

zum Einzelpreis von 930,00 €, abzüglich 8 % Rabatt. In Ihrem Angebot haben Sie uns eine Lieferung innerhalb 10 Tagen frei Haus zugesagt. Informieren Sie uns, wenn Sie die Lieferfrist nicht einhalten können.

Sicher werden Sie uns sorgfältig und pünktlich beliefern.

Freundliche Grüße

EUROP-Gesellschaft GmbH

i. A.

Stefanie Klemke

Geschäftsräume
Badische Straße 7 – 9
44339 Dortmund

Telefon
0231 63467-0

E-Mail
info@europ-wvd.com

Sparkasse Dortmund
IBAN: DE71 4405 0199 0005 2847 52
BIC: DORTDE33XXX

Geschäftsführerin: Eva Vogel · Sitz der Gesellschaft: Dortmund · Handelsregister B 35 279 beim Amtsgericht Dortmund

4.15 Die Gewährleistung

Der Verkäufer ist verpflichtet, die Ware frei von Sachmängeln zu liefern. Der Käufer hat die gelieferte Ware unverzüglich auf ihre Beschaffenheit zu prüfen. An der gelieferten Ware können diese Mängel auftreten:

Wenn die gelieferte Ware beschädigt oder verdorben ist, handelt es sich um einen Sachmangel. Das ist auch der Fall, wenn ihr zugesicherte Eigenschaften fehlen oder sie sich nicht für die vorgesehene Verwendung eignet. Wurde die falsche Ware geliefert, steht dieser Mangel einem Sachmangel gleich. Lieferte der Verkäufer eine zu geringe oder zu hohe Menge, entspricht dieser Mangel ebenfalls einem Sachmangel.

Stellt der Kunde Mängel an der Ware fest, so muss er diese dem Lieferer sofort mitteilen.

Rechtliche Bedeutung

Aus einer Mängelrüge kann der Käufer diese Rechte geltend machen:

Der Käufer kann als **Nacherfüllung** nach seiner Wahl die *Beseitigung des Mangels* oder die *Lieferung einer mangelfreien Sache* verlangen.

Nach Ablauf einer Frist zur Nacherfüllung kann der Käufer *vom Kaufvertrag zurücktreten.*

Ebenfalls nach Ablauf einer Frist kann der Käufer Gewährleistungsrechte der **Minderung** geltend machen, indem er einen *Preisnachlass* fordert.

Bei Mängeln, die der Verkäufer verschuldet hat, kann der Käufer anstelle der Nacherfüllung auch **Schadenersatz** verlangen, sofern ihm ein nachweisbarer Schaden entstanden ist.

Formulierung

- Bestätigen Sie den Empfang der Sendung.
- Beschreiben Sie den Mangel so genau wie möglich.
- Unterbreiten Sie Vorschläge, wie der Mangel behoben werden kann.
- Fordern Sie den Lieferer auf, sich zu äußern.

Formulierungsbeispiel

Sie lieferten uns auf unsere Bestellung 10 Integralschreibtische der Marke „Tradition“. Die Lieferung prüften wir sofort auf Ihren einwandfreien Zustand.

An drei Schreibtischen lassen sich die Schubladen nur schwer öffnen. Die Führungsrollen haken auf der Gleitschiene. Offenbar klemmt auch die Auszugsperre. An einem Schreibtisch ist außerdem ein 14 cm langer Kratzer vorhanden. Sie verstehen sicher, dass wir diese Schreibtische nicht behalten möchten.

Bitte liefern Sie uns als Ersatz innerhalb von zwei Wochen vier Schreibtische in bester Qualität. Haben Sie bitte Verständnis für unseren Wunsch.

4.16 Geschäftsbrief: Gewährleistung

Supermarkt URANUS GmbH

Mitarbeiterin:	Nadine Brenneke
Abteilung:	Einkauf
Kunden-Nr.:	726
Telefon:	0371 434319-26
Telefax:	0371 434319-27
E-Mail:	brenneke@uranus-wvd.com
Internet:	www.uranus-wvd.com
Datum:	20..-11-15

Supermarkt URANUS GmbH · Postfach 32 86 29 · 09112 Chemnitz

Sportartikelfabrik
Running GmbH
Frau Ann-Katrin Müller
Postfach 21 45 95
09112 Chemnitz

Beanstandung des Herren-Laufschuhs RUNNING AIR

Guten Tag Frau Müller,

Sie lieferten uns 50 Paar Herren-Laufschuhe, Marke **RUNNING AIR**. Die Laufschuhe nahmen wir gleich in unser Sortiment auf. Inzwischen sind die ersten Schuhe verkauft – leider nicht zur Zufriedenheit der Kunden.

Mehrere Kunden bemängeln, dass der Laufschuh eine **zu geringe Dämpfung** beim Aufsetzen des Fußes habe. In Ihrem Angebot haben Sie die besonders gute Dämpfung des Schuhs aber ausdrücklich hervorgehoben. Sie können sich vorstellen, dass wir darüber enttäuscht sind, denn unseren Kunden möchten wir nur beste Qualität anbieten.

Bitte liefern Sie uns als Ersatz 50 Paar Herren-Laufschuhe in bester Qualität bis zum **30. November d. J.** Sicher haben Sie für unseren Wunsch Verständnis.

Freundliche Grüße

Supermarkt URANUS GmbH

i. A.

Nadine Brenneke

Geschäftsräume	E-Mail	Stadtsparkasse Chemnitz	Geschäftsführer
Richterstraße 17 – 19	info@uranus-wvd.com	IBAN: DE10 8705 0000 0005 5276 35	Alexander Schmale
09113 Chemnitz		BIC: CHEKDE81XXX	

Sitz der Gesellschaft: Chemnitz · Handelsregister B 8957 beim Amtsgericht Chemnitz

4.17 Der Zahlungsverzug

Der Lieferer muss darauf achten, dass seine Forderungen rechtzeitig beglichen werden. War in dem Kaufvertrag ein Zahlungstermin oder eine Zahlungsfrist vereinbart, gerät der Schuldner nach Ablauf des Zahlungstermins oder der Zahlungsfrist in Verzug. Begleicht der Schuldner den Rechnungsbetrag nicht innerhalb von 30 Tagen nach Fälligkeit, gerät er spätestens von diesem Zeitpunkt an in Verzug. Einer Mahnung bedarf es nicht, wenn der Zahlungstermin oder eine Zahlungsfrist vorher festgelegt war.

Formulierung

Die **erste Mahnung** sollten Sie freundlich abfassen. Sie sollte an die Zahlung erinnern und auf den Fälligkeitstag hinweisen. Erwähnen Sie die Zahlungsverpflichtungen Ihres Unternehmens, kann dies eine positive Reaktion hervorrufen, indem der Schuldner die Rechnung begleicht. Dieses Schreiben sollte eine Aufforderung zum schnellen Rechnungsausgleich enthalten. Dem ersten Mahnschreiben werden oft aktuelle Informationen über Sonderangebote beigefügt.

Die **zweite Mahnung** sollten Sie in einem schärferen Ton abfassen. Sie sollten sich auf den verstrichenen Zahlungstermin beziehen und eine neue Zahlungsfrist setzen. Sie kündigen an, Verzugszinsen und Mahnkosten zu berechnen.

In der **dritten Mahnung** setzen Sie eine letzte Frist zur Zahlung. Auf die bisherigen Zahlungserinnerungen weisen Sie hin. Ein gerichtliches Mahnverfahren drohen Sie für den Fall an, dass die Rechnung nicht beglichen wird.

Formulierung

- Erinnern Sie an die Fälligkeit des Rechnungsbetrages.
- Nennen Sie einen neuen Zahlungstermin.
- Weisen Sie auf eigene Zahlungsverpflichtungen hin.
- Bitten Sie um eine schnelle Überweisung des fälligen Betrages.
- Kündigen Sie in der zweiten Mahnung an, Verzugszinsen und Mahnkosten zu berechnen.
- Sie drohen in der dritten Mahnung ein gerichtliches Mahnverfahren an.

Formulierungsbeispiel für eine erste Mahnung

In der Hektik des Alltags haben wir alle schon einmal etwas vergessen. Sie haben übersehen, den Betrag unserer Rechnung vom 8. April d. J. über 3.400,00 € zu überweisen.

Wie Sie müssen auch wir unseren Zahlungsverpflichtungen ebenfalls pünktlich nachkommen. Darum sind wir auf den pünktlichen Eingang unserer Außenstände angewiesen.

Bitte überweisen Sie den fälligen Betrag bis zum **25. April d. J.** auf unser Konto bei der Kölner Handelsbank. Weitere Kosten vermeiden Sie, wenn Sie diesen Zahlungstermin einhalten.

4.18 Geschäftsbrief: Zweite Mahnung

Technolux GmbH

Mitarbeiterin:	Andrea Frisch
Rechnungs-Nr.:	23 459
Rechnungsdatum:	20..-12-12
Kunden-Nr.:	W 186
Telefon:	0231 523517-25
Telefax:	0231 523517-26
E-Mail:	frisch@technolux-wvd.com
Internet:	www.technolux-wvd.com
Datum:	20..02-08

Technolux GmbH · Postfach 22 44 66 · 44135 Dortmund
Einkaufszentrum
West GmbH
Postfach 25 28 03
13355 Berlin

Ausgleich unserer Rechnung Nr. 23 549

Guten Tag, sehr geehrte Damen und Herren,

jeder von uns hat schon einmal etwas übersehen. Ist es möglich, dass Sie es versäumt haben, den Betrag unserer Rechnung Nr. 23 549 vom 12. Dezember v. J. über **5.825,00 €** zu überweisen? Daran können wir kaum glauben, denn wir haben Sie bereits am 15. Januar d. J. an den fälligen Betrag erinnert. Bis heute ist der Betrag aber nicht bei uns verbucht worden. Welchen Grund haben Sie also, die Zahlung zu verweigern?

Überweisen Sie den Betrag bis zum **12. März d. J.** Sie können sich vorstellen, dass wir unseren Zahlungsverpflichtungen ebenfalls pünktlich nachkommen müssen. Darum sind wir auf den pünktlichen Eingang unserer Außenstände angewiesen.

Sollten Sie auch diesen Zahlungstermin nicht einhalten, berechnen wir Ihnen vom Fälligkeitstag an Verzugszinsen. Bedenken Sie, dass Sie weitere Kosten dieses Mahnverfahrens vermeiden, wenn Sie den fälligen Betrag jetzt überweisen.

Freundliche Grüße

Technolux GmbH

i. A.

Andrea Frisch

Geschäftsräume Kleyer Weg 25 – 27 44149 Dortmund	Telefon 0231 523517-0	E-Mail info@technolux-wvd.com	Sparkasse Dortmund IBAN: DE53 4405 0199 0006 38274 52 BIC: DORTDE33XXX

Geschäftsführer: Dr. Jens Schmitz · Sitz der Gesellschaft: Dortmund · Handelsregister B 9766 beim Amtsgericht Dortmund

4.19 Geschäftsbrief: Dritte Mahnung

Technolux GmbH

Mitarbeiterin:	Andrea Frisch
Rechnungs-Nr.:	19 538
Rechnungsdatum:	20..-11-15
Kunden-Nr.:	H 296
Telefon:	0231 523517-25
Telefax:	0231 523517-26
E-Mail:	frisch@technolux-wvd.com
Internet:	www.technolux-wvd.com
Datum:	20..02-02

Technolux GmbH · Postfach 22 44 66 · 44135 Dortmund

A & B
Handelsmarkt GmbH
Postfach 53 43 03
04103 Leipzig

Mahnung

Guten Tag, sehr geehrte Damen und Herren,

Sie erhielten von uns 10 Waschautomaten der Marke EWA 350. Dafür stellten wir Ihnen am 15. November v. J. die Rechnung Nr. 19 538 über **3.498,00 EUR** aus. Den Zahlungstermin ließen Sie aber unbeachtet, ebenso auch unsere Zahlungserinnerung vom 17. Dezember v. J. Am 10. Januar d. J. forderten wir Sie erneut auf, den Rechnungsbetrag zu überweisen. Bis zum heutigen Tage sind Sie Ihrer Zahlungsverpflichtung aber nicht nachgekommen.

Wir setzen Ihnen eine letzte Zahlungsfrist bis zum **22. Februar d. J.** Um Ihnen die Überweisung zu erleichtern, haben wir einen Überweisungsvordruck für Sie vorbereitet. Sollte die Summe nicht bis zu diesem Zeitpunkt bei uns eingehen, leiten wir ein gerichtliches Mahnverfahren gegen Sie ein. Dabei entstehen Ihnen zusätzliche Mahnkosten, die Sie aber durch eine rechtzeitige Zahlung vermeiden können.

Sicher werden Sie den Betrag nun endlich überweisen.

Freundliche Grüße

Technolux GmbH

i. A.

Andrea Frisch

Anlage
1 Überweisungsvordruck

Geschäftsräume
Kleyer Weg 25 – 27
44149 Dortmund

Telefon
0231 523517-0

E-Mail
info@technolux-wvd.com

Sparkasse Dortmund
IBAN: DE53 4405 0199 0006 38274 52
BIC: DORTDE33XXX

Geschäftsführer: Dr. Jens Schmitz · Sitz der Gesellschaft: Dortmund · Handelsregister B 9766 beim Amtsgericht Dortmund

5 Schriftverkehr in der Personalverwaltung

5.1 Tipps zum Formulieren des Bewerbungsschreibens

Als Bewerberin oder Bewerber sollten Sie diese Tipps beachten:

- Informieren Sie sich über das Unternehmen oder die Institution, bei der Sie sich bewerben möchten. Wenn Sie sich um einen Ausbildungsplatz bewerben, müssen Sie wissen, wie das Berufsbild aussieht. Zu diesem Zweck recherchieren Sie im Internet.
- Welche Ziele verfolgt das Unternehmen? Wie ist das Unternehmen strukturiert? Wie viel Mitarbeiter sind beschäftigt? Wie hat sich das Unternehmen in den letzten Jahren entwickelt? Diese Fragen sind für Ihr Bewerbungsschreiben, aber auch für das Bewerbungsgespräch wichtig.
- Fertigen Sie das Bewerbungsschreiben normgerecht nach DIN 5008 an. Es darf keine Rechtschreib- oder Zeichensetzungsfehler enthalten. Gestalten Sie einen ansprechenden Briefkopf. Achten Sie darauf, dass sich Ihr Bewerbungsschreiben optisch von anderen unterscheidet.
- Führen Sie im Text Ihres Bewerbungsschreibens die Informationsquelle auf. Woher haben Sie erfahren, dass die Stelle zu besetzen ist? Sind Sie durch das Internet auf das Unternehmen aufmerksam geworden? Weckte eine Stellenanzeige Ihren Bewerbungswunsch? Begründen Sie, warum Sie sich speziell auf diese Stellenausschreibung bewerben.
- Bedenken Sie, dass das Bewerbungsschreiben die beste Werbung für Sie als Bewerberin oder Bewerber ist. Orientieren Sie sich an der Stellenausschreibung. Gehen Sie darum auf jeden einzelnen Punkt der gewünschten Anforderungen ein.
- Als Bewerberin oder Bewerber um einen Ausbildungsplatz machen Sie Ausführungen zu Ihrer Schulbildung, zu Ihren schulischen Stärken in bestimmen Fächern, zu besonderen Qualifikationen und Kenntnissen sowie zu Ihren Interessen.
- Wenn Sie sich mit den Office-Anwendungsprogrammen auskennen, sollten Sie sie im Einzelnen aufführen. Weitere Computerkenntnisse und Sprachkenntnisse stellen Sie ebenfalls heraus. Wenn Ihr Hobby für die Stelle wichtig ist, äußern Sie sich auch dazu. Auslandsaufenthalte und Praktika dürfen natürlich nicht fehlen.

Gestaltung des Bewerbungsschreibens

- Der Briefkopf kann in einer Kopfzeile von 5,08 cm Höhe angeordnet sein. Zum Briefkopf gehören die Namen des Absenders, Straßenbezeichnung und Hausnummer, Postleitzahl und Wohnort sowie die Kommunikationsverbindungen. Über der Empfängeranschrift steht die Rücksendeangabe (Absenderanschrift) in einer kleinen Schriftgröße. Nach der Empfängeranschrift lassen Sie zwei Leerzeilen bis zum rechtsbündig ausgerichteten Datum. Vor und nach dem Betreff lassen Sie zwei Leerzeilen. Den Betreff dürfen Sie durch Fettschrift und/oder Farbe hervorheben.
- Der Anlagenvermerk steht nach drei Leerzeilen unter dem Gruß. Die Überschrift dürfen Sie durch Fettschrift hervorheben.

5.2 Bewerbungsschreiben

In der Personalverwaltung gehen auf Stellenanzeigen ein solches Bewerbungsschreiben ein:

Tanja Hoffmann
Uhlandstraße 37
44147 Dortmund
Telefon: 0231 345375
E-Mail: t.hoffmann@aol.com

Tanja Hoffmann, Uhlandstraße 37, 44147 Dortmund
Büroorganisation
Krämer GmbH
Frau Stefanie Keller
Postfach 25 15 45
44137 Dortmund

20..-09-10

Bewerbung um die Stelle einer Kauffrau für Büromanagement

Sehr geehrte Frau Keller,

Sie suchen in Ihrer Stellenanzeige im UNIVERSALBLATT zum 1. Februar n. J. eine Kauffrau für Büromanagement, die über eine abgeschlossene Berufsausbildung, umfangreiche PC-Kenntnisse, organisatorisches Geschick, Flexibilität und Belastbarkeit verfügt. Diese Anforderungen erfülle ich. Darum bewerbe ich mich bei Ihnen um diese Stelle.

Meine Berufsausbildung absolvierte ich bei der EURO-Computer AG in Bochum. Während meiner Ausbildungszeit habe ich selbstständig mit dem Textverarbeitungsprogramm Word, dem Tabellenkalkulationsprogramm Excel und dem Präsentationsprogramm PowerPoint gearbeitet. In Lehrgängen für spezielle Anwendungen vertiefte ich diese Kenntnisse.

Nach der Ausbildungszeit habe ich Krankheitsvertretungen in verschiedenen Abteilungen wahrgenommen, bevor ich in der Organisationsabteilung Vordrucke für alle Betriebsbereiche entwickelte. Ich bin es gewohnt, meine Arbeitszeit den betrieblichen Bedürfnissen anzupassen, um bei einem hohen Arbeitsaufkommen alle Arbeiten termingerecht erledigen zu können.

Auf ein persönliches Gespräch mit Ihnen freue ich mich schon heute.

Freundliche Grüße

Anlage
1 Bewerbungsmappe

5.3 Bestätigung des Eingangs des Bewerbungsschreibens

Büroorganisation Krämer GmbH

Büroorganisation Krämer GmbH, Postfach 25 15 45, 44137 Dortmund

Frau
Nadine Krause
Sodinger Straße 48
44805 Bochum

Mitarbeiterin:	Katja Schuster
Abteilung:	Personal
Telefon:	0231 353515-30
Telefax:	0231 353515-10
E-Mail:	schuster@buero-kraemer-wvd.com
Internet:	www.buero-kraemer-wvd.com
Datum:	20..-11-16

Ihre Bewerbung um die Stelle einer Kauffrau für Büromanagement

Guten Tag Frau Krause,

Sie haben sich auf unsere Stellenanzeige im UNIVERSALBLATT um die Stelle einer Kauffrau für Büromanagement beworben. Für Ihre ausführliche Bewerbungsmappe danken wir Ihnen.

Wenn die Bewerbungsfrist am 28. Februar d. J. abgelaufen ist, informieren wir Sie, ob Sie die Stelle bekommen.

Bitte gedulden Sie sich noch etwas.

Freundliche Grüße

Büroorganisation
Krämer GmbH

i. A.

Katja Schuster

Geschäftsräume
Zwickauer Straße 15 – 18
44139 Dortmund

E-Mail
info@buero-kraemer-wvd.com

Sparkasse Dortmund
IBAN: DE76 4405 0199 0000 2531 89
BIC: DORTDE33XXX

Geschäftsführerin
Sabine Krämer

Sitz der Gesellschaft: Dortmund · Handelsregister B 9351 beim Amtsgericht Dortmund

5.4 Einladung zum Vorstellungsgespräch

Büroorganisation Krämer GmbH

Mitarbeiterin: Katja Schuster
Abteilung: Personal

Büroorganisation Krämer GmbH, Postfach 25 15 45, 44137 Dortmund

Frau
Tanja Hoffmann
Uhlandstraße 37
44147 Dortmund

Telefon: 0231 353515-30
Telefax: 0231 353515-10
E-Mail: schuster@buero-kraemer-wvd.com
Internet: www.buero-kraemer-wvd.com

Datum: 20..-03-02

Einladung zu einem Vorstellungsgespräch

Guten Tag Frau Hoffmann,

unter den Bewerberinnen und Bewerbern um die Stelle einer Kauffrau für Büromanagement haben wir Ihre Bewerbung in die engere Wahl gezogen. Bevor wir uns endgültig entscheiden, möchten wir Sie auch persönlich kennenlernen.

Zu einem Vorstellungsgespräch laden wir Sie für

Dienstag, 18. März 20.., 14:00 Uhr,

in den Raum 15 ein. Sie haben Gelegenheit, sich über unser Unternehmen zu informieren und sich unsere Abteilungen anzusehen.

Senden Sie den Fragebogen noch vor Ihrem Vorstellungsgespräch zurück. Dafür danken wir Ihnen im Voraus.

Freundliche Grüße

Büroorganisation
Krämer GmbH

i. A.

Katja Schuster

Anlage
1 Personalbogen

Geschäftsräume
Zwickauer Straße 15 – 18
44139 Dortmund

E-Mail
info@buero-kraemer-wvd.com

Sparkasse Dortmund
IBAN: DE76 4405 0199 0000 2531 89
BIC: DORTDE33XXX

Geschäftsführerin
Sabine Krämer

Sitz der Gesellschaft: Dortmund · Handelsregister B 9351 beim Amtsgericht Dortmund

5.5 Absage auf eine Bewerbung

Büroorganisation Krämer GmbH

Mitarbeiterin:	Katja Schuster
Abteilung:	Personal
Telefon:	0231 353515-30
Telefax:	0231 353515-10
E-Mail:	schuster@buero-kraemer-wvd.com
Internet:	www.buero-kraemer-wvd.com
Datum:	20..-03-18

Büroorganisation Krämer GmbH, Postfach 25 15 45, 44137 Dortmund

Herrn
Lukas Lehmann
Sodinger Straße 126
44805 Bochum

Ihre Bewerbung um die Stelle eines Kaufmanns für Büromanagement

Guten Tag Herr Lehmann,

bei den vielen Bewerbern um die Stelle eines Kaufmanns für Büromanagement konnten wir Ihre Bewerbung leider nicht berücksichtigen. Bitte haben Sie Verständnis.

Wir wünschen Ihnen, dass Sie recht bald einen Arbeitsplatz finden, der Ihren Vorstellungen entspricht.

Freundliche Grüße

Büroorganisation
Krämer GmbH

i. A.

Katja Schuster

Anlagen
Bewerbungsunterlagen

Geschäftsräume
Zwickauer Straße 15 – 18
44139 Dortmund

E-Mail
info@buero-kraemer-wvd.com

Sparkasse Dortmund
IBAN: DE76 4405 0199 0000 2531 89
BIC: DORTDE33XXX

Geschäftsführerin
Sabine Krämer

Sitz der Gesellschaft: Dortmund · Handelsregister B 9351 beim Amtsgericht Dortmund

5.6 Abmahnung

Büroorganisation Krämer GmbH

Büroorganisation Krämer GmbH, Postfach 25 15 45, 44137 Dortmund
Herrn
Jens Stockmann
Uhlandstraße 35
44147 Dortmund

Mitarbeiterin:	Katja Schuster
Abteilung:	Personal
Personal-Nr.:	St 23
Telefon:	0231 353515-30
Telefax:	0231 353515-10
E-Mail:	schuster@buero-kraemer-wvd.com
Internet:	www.buero-kraemer-wvd.com
Datum:	20..-07-18

Abmahnung

Sehr geehrter Herr Stockmann,

in Ihrem Arbeitsvertrag sind Ihre Arbeitszeiten geregelt. Sie sind verpflichtet, diese Arbeitszeiten einzuhalten. In den letzten Monaten versandten Sie wiederholt während der Arbeitszeit von Ihrem Arbeitsplatz zahlreiche E-Mails an Freunde und Bekannte. Darauf habe ich Sie in einem Gespräch hingewiesen. Sie versprachen, Ihr Verhalten zu ändern. Das ist aber nicht geschehen.

Am 10., 11. und 12. Juli 20.. versandten Sie erneut 36 E-Mails an Freunde und Bekannte. Der Systemberater, Herr Thomas Abel, kann die Angaben bezeugen.

Ich fordere Sie nochmals nachdrücklich auf, Ihren Verpflichtungen aus Ihrem Arbeitsvertrag nachzukommen. Bei weiteren Verstößen müssen Sie mit einer Kündigung rechnen.

Freundliche Grüße

Büroorganisation
Krämer GmbH

i. A.

Katja Schuster

Verteiler
Geschäftsführung
Betriebsrat

Empfangsbestätigung

Die Abmahnung habe ich heute erhalten. Ich habe den Inhalt gelesen und verstanden.

------------------------------ ------------------------------

Ort, Datum Unterschrift

5.7 Kündigung des Arbeitsverhältnisses

Software PLUS GmbH

Software PLUS GmbH, Postfach 25 15 45, 10243 Berlin
Einschreiben Rückschein
Persönlich

Frau
Sarah Kühne
Fürther Straße 23
12309 Berlin

Mitarbeiterin: Sandra Schubert
Abteilung: Personal
Personal-Nr.: K 29

Telefon: 030 4626-36
Telefax: 030 4626-37
E-Mail: schubert@software-plus-wvd.com

Datum: 20..-10-18

Kündigung Ihres Arbeitsverhältnisses

Sehr geehrte Frau Kühne,

seit 1. August 2012 sind Sie als Mitarbeiterin in der Verkaufsabteilung für die Verkaufsberatung und das Erstellen von Angeboten verantwortlich. Die Abteilung wird ab 1. April 20.. neu organisiert. Da Ihre Arbeit dann von einer anderen Mitarbeiterin übernommen wird, **kündigen wir das Arbeitsverhältnis fristgerecht zum 31. März 20..** Der Betriebsrat stimmte der Kündigung zu. Bitte melden Sie sich rechtzeitig bei der Agentur für Arbeit, damit Ihnen keine Leistungen gestrichen werden. Sie sind verpflichtet, sich aktiv eine andere Beschäftigung zu suchen.

Nach § 1 a KSchG steht Ihnen eine Abfindung zu, wenn Sie innerhalb von drei Wochen keine Kündigungsschutzklage einreichen. Ihr Urlaubsanspruch beträgt noch 10 Urlaubstage. Sie erhalten von uns ein qualifiziertes Arbeitszeugnis. Geben Sie an diesem Tag auch Ihre Schlüssel für die Abteilung zurück.

Für Ihre berufliche Zukunft wünschen wir Ihnen alles Gute und hoffen, dass Sie schnell einen neuen Arbeitsplatz finden.

Freundliche Grüße

Software PLUS GmbH

i. A.

Matthias Lehmann
Geschäftsführer

Geschäftsräume
Rohrbachstraße 38
12307 Berlin

E-Mail
info@software-plus-wvd.com

Internet
www.software-plus-wvd.com

Berliner Sparkasse
IBAN: DE27 1005 0000 0005 2531 89
BIC: BELADEBEXXX

Geschäftsführer: Matthias Lehmann · Sitz der Gesellschaft: Berlin · Handelsregister B 395 351 beim Amtsgericht Charlottenburg

5.8 Fristlose Kündigung

Software PLUS GmbH

Software PLUS GmbH, Postfach 25 15 45, 10243 Berlin
Einschreiben Rückschein
Persönlich

Herrn
Benjamin Schrader
Pirnaer Straße 38
12355 Berlin

Mitarbeiterin: Sandra Schubert
Abteilung: Personal
Personal-Nr.: Sch 15

Telefon: 030 4626-36
Telefax: 030 4626-37
E-Mail: schubert@software-plus-wvd.com

Datum: 20..-10-18

Fristlose Kündigung Ihres Arbeitsverhältnisses

Sehr geehrter Herr Schrader,

den Arbeitsvertrag mit Ihnen kündigen wir **fristlos**. Sie wurden von einer Zeugin dabei beobachtet, als Sie am 10. Oktober d. J. fünf Softwarepakete FINANZPLUS entwendeten.

Der Betriebsrat stimmte Ihrer Kündigung zu. – Ihren Resturlaub zahlen wir Ihnen mit dem letzten Gehalt aus.

Bitte melden Sie sich rechtzeitig bei der Agentur für Arbeit, um Ihre Leistungsansprüche geltend zu machen. Sie sind verpflichtet, sich aktiv eine andere Beschäftigung zu suchen und jede zumutbare Möglichkeit bei der Suche und Aufnahme einer Beschäftigung zu nutzen.

Freundliche Grüße

Software PLUS GmbH

i. A.

Matthias Lehmann
Geschäftsführer

Geschäftsräume
Rohrbachstraße 38
12307 Berlin

E-Mail
info@software-plus-wvd.com

Internet
www.software-plus-wvd.com

Berliner Sparkasse
IBAN: DE27 1005 0000 0005 2531 89
BIC: BELADEBEXXX

Geschäftsführer: Matthias Lehmann · Sitz der Gesellschaft: Berlin · Handelsregister B 395 351 beim Amtsgericht Charlottenburg

6 Besondere Schriftstücke

6.1 Glückwunsch zum Geschäftsjubiläum

EURO-Computer AG

EURO-Computer AG · Postfach 35 26 49 · 20099 Hamburg
Organisationsmittelfabrik
Weidmann & Söhne KG
Herrn Dipl.-Kfm. Heinz Weidmann
Postfach 53 79 25
21907 Hamburg

20..-09-28

50-jähriges Bestehen Ihres Unternehmens

Verehrter Herr Weidmann,

wenn nach 50-jähriger Unternehmensgeschichte Ihr Name immer noch ein Begriff für Qualitätsprodukte ist, dann ist das Ihr Verdienst. Sie haben den Charakter Ihres Unternehmens geprägt und ihm ein besonderes Profil verliehen.

Obwohl die wirtschaftliche Entwicklung Ihnen und Ihrer Belegschaft die Arbeit erschwerte, ist es Ihnen dennoch gelungen, Ihr Unternehmen zu seiner heutigen Größe und Beständigkeit zu führen. Weidmann & Söhne KG ist für viele Unternehmer ein vorbildliches Familienunternehmen.

Zum 50-jährigen Bestehen Ihres Unternehmens gratulieren wir Ihnen herzlich. Für die nächsten Jahrzehnte wünschen wir Ihrem Unternehmen gute Geschäftserfolge und Ihnen beste Gesundheit.

Herzlich grüßt Sie

Ihr

Dr. Frank Weiß
Vorstandsvorsitzender

Geschäftsräume	Telefon	E-Mail	Internet	Hamburger Sparkasse
Bornheide 35 – 37	040 3463-156	info@euro-pc-wvd.com	www.euro-pc-wvd.com	IBAN: DE41 2005 0550 0007 23675 19
22549 Hamburg				BIC: HASPDEHHXXX

Vorsitzender des Aufsichtsrates: Dr. Heinz Mai · Vorstand: Dr. Frank Weiß, Eva Neumann · Sitz der Gesellschaft Hamburg
Handelsregister B 52 153 beim Amtsgericht Hamburg

6.2 Glückwunsch zum Arbeitsjubiläum

EURO-Computer AG

EURO-Computer AG · Postfach 35 26 49 · 20099 Hamburg
Herrn
Dipl.-Kfm. Thomas Hörster
Lichtenberger Straße 123
22045 Hamburg

20..-09-28

Ihre 15-jährige Mitarbeit in unserem Unternehmen

Lieber Herr Hörster,

heute können Sie mit Stolz auf eine 15-jährige Mitarbeit in unserem Unternehmen zurückblicken. Als Sie vor 15 Jahren in unser Unternehmen eintraten, bestand unser Unternehmen gerade fünf Jahre. Als junges Unternehmen suchten wir leitende Mitarbeiter mit besonderen Fachkenntnissen, Ideen und Führungsqualitäten.

In Ihnen haben wir einen leitenden Mitarbeiter gefunden, der viele Fähigkeiten in einer Person vereinigt. Schon nach kurzer Zeit haben Sie als Leiter der Verkaufsabteilung den Absatz unserer Computer um 20 % gesteigert. Im Laufe der Zeit entwickelte sich unser Unternehmen auch dank Ihres Einsatzes zu einem der führenden Unternehmen in der Computerbranche.

Als Sie 10 Jahre die Verkaufsabteilung leiteten, erteilte Ihnen der Vorstand eine erweiterte Handlungsvollmacht. Ihr heutiges Jubiläum soll für uns Anlass sein, Ihnen wiederum zu danken. Auf Kosten unseres Unternehmens verbringen Sie mit Ihrer Partnerin einen zweiwöchigen Urlaub in der Karibik.

Ihnen und Ihrer Partnerin wünschen wir gute Erholung und mit Ihnen erhoffen wir uns weitere erfolgreiche Jahre in unserem Unternehmen.

Herzlich grüßt Sie

Ihr

Dr. Frank Weiß
Vorstandsvorsitzender

Geschäftsräume	Telefon	E-Mail	Internet	Hamburger Sparkasse
Bornheide 35 – 37 22549 Hamburg	040 3463-156	info@euro-pc-wvd.com	www.euro-pc-wvd.com	IBAN: DE41 2005 0550 0007 23675 19 BIC: HASPDEHHXXX

Vorsitzender des Aufsichtsrates: Dr. Heinz Mai · Vorstand: Dr. Frank Weiß, Eva Neumann · Sitz der Gesellschaft Hamburg
Handelsregister B 52 153 beim Amtsgericht Hamburg

7 Wichtige Rechtschreibregeln

7.1 Groß- und Kleinschreibung

Als Substantive (Hauptwörter) gebrauchte Wörter schreiben Sie groß. Dem substantivierten Wort geht oft ein Artikel (Geschlechtswort) voraus.

Es ist das Beste, wenn die Politiker sich bald entscheiden.
Unter der neuen Ministerin ändert sich nicht das Geringste.
Der Inhaber ist mit seinen Informationen auf dem Laufenden.

Geht dem substantivierten Wort ein Pronomen (Fürwort) oder unbestimmtes Zahladjektiv (Zahlwort) voraus, schreiben Sie ebenfalls groß.

Schriftlich hat der Chef alles Wesentliche zusammengefasst.
In dem Buch muss sie etwas Wichtiges farblich hervorheben.
Jeder Einzelne ist aufgefordert, sich intensiv einzusetzen.

Geht dem substantivierten Wort eine Präposition (Verhältniswort) voraus, schreiben Sie das Wort groß.

Sie sind sich darüber im Klaren, nun eine Lösung zu finden.
Im Allgemeinen verhalten wir uns in solchen Fällen neutral.
In der Arena sahen die Besucher Fahnen in Schwarz und Gelb.

Nach einem Adjektiv (Eigenschaftswort) schreiben Sie das folgende substantivierte Wort groß.

Nach langem Hin und Her einigten sich alle Vertragspartner.
Bei den Verhandlungen wird ein sicheres Auftreten erwartet.
Gutes Lesen und Schreiben wird bei Bewerbern vorausgesetzt.

Verwenden Sie Adverbien (Umstandswörter), Präpositionen (Verhältniswörter) oder Konjunktionen (Bindewörter) als Substantive (Hauptwörter), schreiben Sie groß.

Bei der Bewertung muss er das Gestern und Vorgestern sehen.
In solchen Fällen muss sie auch das Für und Wider bedenken.
Ihnen geht es nicht nur um das Ob, sondern auch um das Wie.

Verwenden Sie Infinitive (Grundformen) als Substantive (Hauptwörter), schreiben Sie diese groß.

Manche Arbeiten können die Mitarbeiter im Sitzen erledigen.
Die Großmutter hört schlecht; da hilft nur lautes Sprechen.
Nach der Veranstaltung werden Helfer zum Aufräumen gesucht.

Lassen Sie den Artikel (Geschlechtswort), die Präposition (Verhältniswort) oder eine nähere Bestimmung weg, können Sie in bestimmten Fällen groß- oder kleinschreiben.

In der Grundschule lernen alle Schüler Lesen und Schreiben.
Um fit zu bleiben, empfiehlt sich Bewegen an frischer Luft.
Alle Mitarbeiter achten auf Öffnen und Schließen der Türen.

Adjektive (Eigenschaftswörter) oder Partizipien (Mittelwörter) schreiben Sie klein, wenn sie sich auf ein vorausgehendes oder folgendes Substantiv (Hauptwort) beziehen.

Die Kleider gefallen ihr gut, ganz besonders aber das rote.
Bei diesem Wettbewerb war er der schnellste der Teilnehmer.
Der Verkäufer zeigt uns die Modelle, zuerst aber die neuen.

Superlative (2. Steigerungsstufe) mit „am“, nach denen Sie „wie?“ fragen können, schreiben Sie klein.

Es ist am besten, wenn sie sich rechtzeitig bei ihm meldet.
Das Erlebnis war für alle Touristen natürlich am schönsten.
Es ist am zweckmäßigsten, leichte Aufgaben gleich zu lösen.

Feste adverbiale Wendungen (Wendungen mit Umstandswörtern) aus „aufs“ oder „auf das“ und einem Superlativ, können Sie groß- oder kleinschreiben. Sie lassen sich mit „wie?“ erfragen.

Weiß er, dass sich die Aufgabe aufs Einfachste lösen lässt?
Bis Tom das Ergebnis erfuhr, war er aufs Äußerste gespannt.
Der Gast erwartet, auf das Königlichste bewirtet zu werden.

In festen adverbialen Wendungen aus Präposition und nicht dekliniertem Adjektiv (Eigenschaftswort) ohne Artikel (Geschlechtswort) schreiben Sie klein. Ist das Adjektiv dekliniert, kann es groß- oder kleingeschrieben werden.

Die Gäste kamen von nah und fern, um die Feier zu besuchen.
Mit solchen Fragen haben wir uns von klein auf beschäftigt.
Die Beitrittsverhandlungen werden bis auf Weiteres vertagt.

Die Bezeichnungen von Tageszeiten nach Adverbien (Umstandswörtern) wie „gestern", „heute" oder „morgen" schreiben Sie groß, weil sie als Substantive (Hauptwörter) angesehen werden. Adverbien, z. B. „morgens" oder „abends", schreiben Sie immer klein.

Die Bürostühle trafen gestern Morgen pünktlich bei uns ein.
Noch heute Nachmittag müssen Sie neue Bürostühle bestellen.
Solche Tätigkeiten müssen Sie morgens und abends erledigen.

Die Substantive (Hauptwörter) für Wochentage schreiben Sie groß. Adverbien (Umstandswörter), z. B. „dienstags" oder „freitags", schreiben Sie aber klein.

Die Verkaufsleiterin kommt am Montag wieder in den Betrieb.
Diese Beratung soll am Donnerstag oder Freitag stattfinden.
Die Belastung ist für alle Mitarbeiter freitags am größten.

7.2 Getrennt- oder Zusammenschreibung

Zusammensetzungen mit Verben (Zeitwörtern) können gelegentlich aus denselben oder ähnlichen Wörtern bestehen wie getrennt geschriebene Wortgruppen. Bei den Zusammensetzungen aus Adverb (Umstandswort) und Verb ist das Adverb meistens deutlich stärker betont als das Verb.

Bei dem Unglück sind sie mit einem Schrecken davongekommen.
Wurde Tanja aufgefordert, dazubleiben und nicht wegzugehen?
Die Juristen werden sich mit diesem Fall auseinandersetzen.

Wörter schreiben Sie zusammen, wenn der erste Bestandteil als frei vorkommendes Wort ungebräuchlich ist.

Die Sachbearbeiterin prüft, ob alle Angaben übereinstimmen.
Die neue Journalistin wird sich sehr schnell zurechtfinden.
Nach dem Eklat wird der Lehrer die Schülerin zurechtweisen.

Ist der erste Bestandteil einer Zusammensetzung ein Substantiv (Hauptwort), schreiben Sie meistens getrennt. Ist das Substantiv aber verblasst, schreiben Sie die Wortteile zusammen.

Vor dem Stadion müssen die Zuschauer jetzt Schlange stehen.
Am kommenden Dienstag möchten die Sportler gern Rad fahren.
Es macht Jung und Alt Freude, auf solchen Seen eiszulaufen.

Wortzusammensetzungen aus zwei Verben (Zeitwörtern) schreiben Sie in der Regel getrennt.

Bei dem schönen Wetter wollen die Besucher spazieren gehen.
Es ist sicher, dass nur sehr wenige Schüler sitzen bleiben.
Frank hat den Artikel bezahlt, aber trotzdem liegen lassen.

Zusammensetzungen können einfache, unflektierte Adjektive (Eigenschaftswörter) als bedeutungsverstärkende oder bedeutungsmindernde erste Bestandteile haben, mit denen sich oft längere Reihen bilden lassen. Zusammensetzungen können auch aus gleichrangigen Adjektiven gebildet werden. Solche Zusammensetzungen schreiben Sie zusammen.

Viele Arbeiter klagen darüber, dass es noch bitterkalt ist.
Sie können davon ausgehen, dass diese Hose superbequem ist.
Der Kunde bestellt jetzt eine extragroße Sonderanfertigung.

Partizipien (Mittelwörter) richten sich nach den zugrunde liegenden Verbindungen mit Verben (Zeitwörtern). Neben der Getrenntschreibung ist auch eine Zusammenschreibung möglich. Je nach Zusammenhang können Wortgruppen oder Zusammensetzungen vorliegen.

Er bedauert es, dass dieses Dokument verloren gegangen ist.
Die Erdöl fördernden Länder wollen die Fördermengen senken.
Der Bürgermeister begrüßte die gewinnbringende Investition.

Ein verblasstes Substantiv (Hauptwort) schreiben Sie mit einer Präposition (Verhältniswort) zusammen, wenn die Fügung zu einer neuen Präposition oder zu einem Adverb (Umstandswort) geworden ist. In manchen Fällen kann die Fügung auch als Wortgruppe angesehen werden. Sie ist dann getrennt zu schreiben.

Frau Meyer wird diese Position anstelle von Herrn Neu bekommen.
Sich passiv zu verhalten, kommt für ihn aber nicht infrage.
Als Beate zu Fuß ankam, war die Vorführung bereits zu Ende.

Wenn der Wortteil „weiter" eine untrennbare Verbindung mit dem folgenden Verb (Zeitwort) bildet, schreiben Sie das Wort zusammen. Die Betonung liegt dann auf „weiter".

„Wieder" wird in Verbindung mit Verben (Zeitwörtern) und Adjektiven (Eigenschaftswörtern) zusammengeschrieben, wenn „wieder" im Sinne von „zurück" verstanden wird. Eine Zusammenschreibung ist auch erforderlich, wenn „wieder" im Sinne von „nochmals" oder von „wiederholen" gebraucht wird.

Nach langen Beratungen will der Präsident nun weitermachen.
Der Mitarbeiter beabsichtigt, sich nun doch weiterzubilden.
Er kann dieses Zitat des berühmten Autors auch wiedergeben.

In Wortzusammensetzungen mit Verben (Zeitwörtern) wird „zurück" zusammengeschrieben.

Vor einem folgenden Verb (Zeitwort) oder Partizip (Mittelwort) wird getrennt geschrieben, wenn „zusammen" so viel wie „gemeinsam" oder „gleichzeitig" bedeutet. In allen anderen Fällen werden die Wörter zusammengeschrieben.

Um einparken zu können, muss sie ihren Wagen zurücksetzen.
Der Bewerber hat seine Bewerbung am Dienstag zurückgezogen.
Beide Unternehmen planen, sich im Juni zusammenzuschließen.

7.3 „ss" oder „ß"

Nach einem kurzen, betonten Vokal (Selbstlaut) geben Sie das stimmlose „s" meistens als „ss" wieder.

Ob das Fass bis Dienstag geliefert wird, ist noch ungewiss.
Viele Wissenschaftler besuchen diesen Kongress in Russland.
Viele wissen, dass die Wolga der längste Fluss Europas ist.
Es ist gewiss, dass diesmal keine Zuschüsse gewährt werden.
Bei starken Regenfällen treten einige Flüsse über die Ufer.

Das „ss" schreiben Sie in zusammengesetzten Wörtern auch an der Wortfuge, also nach einem Bestimmungswort oder nach einer Vorsilbe.

Nach der Auseinandersetzung ziehen sie einen Schlussstrich.
Vor den wichtigen Spielen wird das Kurzpassspiel trainiert.
Ein Bagger muss den Flusssand bis Anfang August ausbaggern.
Mehrere Wissenschaftler nehmen an der Kongresssitzung teil.
Durch Unwetter hatte die Flussschifffahrt wenige Fahrgäste.

Nach einem lang gesprochenen Vokal (Selbstlaut) setzen Sie für das stimmlose „s" das „ß" ein.

Bei dieser Bergtour brach sich der Tourist den rechten Fuß.
Er befuhr die Münchener Straße und danach die Lange Straße.
Vor allem die Größe des Bauwerkes beeindruckt die Besucher.
Er strengt sich besonders an, um sich keine Blöße zu geben.
Es ist verständlich, dass jetzt Maßnahmen ergriffen werden.

Der Spieler ist schnell und kann mit beiden Füßen schießen.
Der Lehrer ließ dem früheren Kollegen die Grüße ausrichten.
Im Sportunterricht wollen die Schüler gern Fußball spielen.
Überqueren Sie die Straße als Fußgänger immer an der Ampel.
Das Konzert war eine der größten Veranstaltungen in Gießen.

Nach einem Diphthong (doppeltem Vokal) wird immer „ß“ geschrieben.

Nach der 1. Halbzeit wollen die Spieler den Spieß umdrehen.
Mit viel Fleiß gelang es ihnen, die Abschlüsse zu schaffen.
Der Inhaber weiß nicht, ob die Plätze draußen besetzt sind.
Der Außenminister reiste zur Vollversammlung nach New York.
Diese Äußerung war unbedacht, sie wurde gestern widerrufen.

7.4 Straßennamen

Zusammengesetzte Straßennamen schreiben Sie zusammen. Das ist der Fall, wenn vor „Straße“, „Weg“, „Platz“, „Gasse“ usw. ein weiterer Wortteil steht.

Die Bauarbeiten an der Kaiserstraße sollen im Mai beginnen.
Das Unternehmen eröffnet in der Lessingstraße ein Geschäft.
Die Schlossallee ist schon wieder für den Verkehr gesperrt.
Die Kundgebung soll jetzt auf dem Theaterplatz stattfinden.
In der Nähe des Römerweges entsteht in Kürze eine Siedlung.

Besteht der Straßenname aus mehrteiligen Namen (z. B. Vor- und Zunamen), müssen Sie zwischen den Bestandteilen Bindestriche einfügen.

Der Mieter zieht Anfang Juli in die Willy-Brandt-Straße um.
Die Veranstaltung ist auf dem Theodor-Heuss-Platz in Essen.
Seit August ist die Dr.-Robert-Koch-Straße Vorfahrtsstraße.
Für diese Aufführung eignet sich der Friedrich-Ebert-Platz.
Die Friedrich-von-Schiller-Straße wird im Juli gepflastert.

Getrennt schreiben Sie Ableitungen von Orts- oder Ländernamen auf „-er“ oder „-isch“.

Die Bauarbeiten auf der Berliner Straße sind abgeschlossen.
Die Stuttgarter Straße ist am Donnerstag für alle gesperrt.
Befahren Sie den Kölner Ring, kommen Sie in die Innenstadt.
Befahren Sie den Frankfurter Ring, kommen Sie zur Autobahn.
Diese Einwohner dürfen auch den Bad Kissinger Weg befahren.

An der Ecke Keltenweg/Aachener Allee steht ein Stoppschild.
Beachten Sie das Stoppschild Frankfurter Straße/Römerplatz.
Gestern staute sich der Verkehr auf der Rheinischen Straße.
Vor der Einfahrt biegen Sie in die Westfälische Straße ein.
Auch auf der Holsteinischen Straße sind mehrere Parkplätze.

Das erste Wort eines Straßennamens schreiben Sie groß. Adjektive (Eigenschaftswörter) und Zahlwörter schreiben Sie in Straßennamen ebenfalls groß.

Gehen Sie durch die enge Gasse direkt zum Neuen Marktplatz.
Über die Alte Dorfstraße kommen Sie zur Gemeindeverwaltung.
Sie bewohnen ab September das Eigenheim Im Kühlen Grund 15.
Die Straße An den Fünf Eichen führt in die Nachbargemeinde.
Der Weg An der Alten Linde ist bei allen Touristen beliebt.

7.5 Kommasetzung

Das Komma setzen Sie zwischen Haupt- und Nebensatz.

Sie freut sich, dass der Chef den Vorschlag angenommen hat.
Dass Tanja uns am Donnerstag besuchen wird, freut uns sehr.
Das Wetter war gut, als wir am Mittag in Hamburg eintrafen.
Als die Ehrengäste eintrafen, begrüßte sie die Präsidentin.
Alle Mitglieder beraten, ob darüber abgestimmt werden kann.

Um die Gliederung des Satzes deutlich zu machen oder um Missverständnisse auszuschließen, können Sie Infinitivgruppen (Grund- und Nennformgruppen) durch ein Komma abtrennen.

Die Schulverwaltung fordert den Schüler auf, zu erscheinen.
Die Schule fordert die Schülerin auf, sofort zu erscheinen.
Der Vorsitzende versucht nun, die Mitglieder zu überzeugen.
Der Autor bestätigt uns heute, den Roman verfasst zu haben.
Den Plan, abzureisen, fasste der Politiker erst am Freitag.

Vor Infinitivgruppen, die durch „um", „ohne", „anstatt" oder „als" eingeleitet werden, setzen Sie ein Komma.

Viele Zuschauer sind gekommen, um sich das Spiel anzusehen.
Der Politiker überging diese Frage, ohne darauf einzugehen.
Anstatt auf diese Fragen einzugehen, sagte sie dazu nichts.
Es gibt nichts Schöneres, als hier einen Tag zu verbringen.
Ihr Entwurf, um das herauszustellen, ist fraglos der beste.

Endet der Hauptsatz mit einem Substantiv (Hauptwort), setzen Sie vor den Nebensatz, der die Infinitivgruppe einleitet, ein Komma.

Nutzen Sie die Gelegenheit, hier jetzt günstig einzukaufen.
Er hat die Möglichkeit, sich zu diesem Vorschlag zu äußern.
Sie fasst den Entschluss, in Kürze ein Studium aufzunehmen.
Er macht den Vorschlag, die Stadt Frankfurt zu besichtigen.
Der Chef gab dem Auszubildenden den Rat, sich fortzubilden.

Infinitivgruppen (Grund- und Nennformgruppen), die durch ein hinweisendes Wort angekündigt oder aufgenommen werden, trennen Sie mit dem Komma ab.

Es ist nicht zu erwarten, dass sich die Gelegenheit bietet.
Der Politiker vermied es, sich zu diesem Vorfall zu äußern.
Ihre Absicht ist es, das Studium in Frankfurt fortzusetzen.
Er erinnert alle daran, diesen Beratungstermin einzuhalten.
Die Schülerin hat damit gerechnet, die Prüfung zu bestehen.

Verbinden Sie gleichrangige Teilsätze durch die Konjunktionen (Bindewörter) „sowohl – als (auch)", „sowohl – wie (auch)", „weder – noch" und „wie", setzen Sie kein Komma. Geht vor der Konjunktion ein Nebensatz zu Ende, bleibt das Komma aber erhalten.

Das Auto kann sowohl mit Benzin als auch mit Diesel fahren.
Tanja hat weder Zeit noch Geld, diese Kreuzfahrt zu buchen.
Heike hat weder Zeit noch Lust, sich damit zu beschäftigen.
Die Sendung wird entweder heute oder morgen eintreffen.
Dieses neue Buch ist innen wie außen ansprechend gestaltet.

Wenn die vergleichenden Konjunktionen (Bindewörtern) „als“ oder „wie“ nur Wörter oder Wortgruppen verbinden, setzen Sie kein Komma.

Die Leistungen dieser Schüler sind nun besser als erwartet.
Der Termin am Mittwoch passt dem Chef besser als am Montag.
Sie meint, die alte Mischung sei genauso gut wie die neue.
Der Sportler war genau so schnell wie im ersten Wettbewerb.
Wie in früheren Jahren gibt es nun aber keine Verlängerung.

Vor nebengeordneten, entgegengesetzten oder einschränkenden Konjunktionen (Bindewörtern) setzen Sie ein Komma.

Er möchte teilnehmen, aber die Anmeldefrist ist abgelaufen.
Sie möchte sich nicht heute, sondern am Montag dazu äußern.
Die Schränke sind heute eingetroffen, jedoch erst am Abend.
Einerseits ist der Lehrer dafür, andererseits aber dagegen.
Frank löst es teils selbstständig, teils mit Hilfe anderer.

Zwischen gleichrangigen (nebengeordneten) Nebensätzen oder Nebensätzen verschiedenen Grades setzen Sie ein Komma, wenn Sie nicht durch „und“ oder „oder“ verbunden sind.

Wenn die Information stimmt, dass er kommt, freuen wir uns.
Er kennt keinen, der ihn beraten kann, wenn er Rat braucht.
Dass er nicht schrieb, obwohl er es wollte, enttäuscht uns.
Dass sie nicht reagierte, obwohl er sie ansah, ärgerte ihn.
Er schafft es, wenn er fleißig ist und wenn er mitarbeitet.

8 Sachwortverzeichnis

Abmahnung 45
Absage auf eine Bewerbung 44
Anfrage 24
Angebot 27
Anschriften 8

Besondere Schriftstücke 48
Bestätigung des Eingangs des Bewerbungsschreibens 42
Bestellung 33
Bestimmte Anfrage mit vorausgehender Geschäftsbeziehung 26
Bestimmte Anfrage ohne vorausgehende Geschäftsbeziehung 25
Bewerbungsschreiben 41

Dritte Mahnung 39

Einladung zum Vorstellungsgespräch 43

Formulieren von Bewerbungsschreiben 40
Formulieren von Geschäftsbriefen 14
Formulieren von Werbebriefen 21
Fristlose Kündigung 47

Geschäftsbrief Gewährleistung 36
Geschäftsbrief Bestellung 34
Geschäftsbrief Lieferverzug 32
Geschäftsbrief mit seinen Bestandteilen 6
Geschäftsbriefe kundenorientiert formulieren 14
Geschäftsbriefe normgerecht gestalten 6
Getrennt- und Zusammenschreibung 52
Gewährleistung 35
Glückwunsch zum Arbeitsjubiläum 49
Glückwunsch zum Geschäftsjubiläum 48
Groß- und Kleinschreibung 50

Kommasetzung 56
Kündigung des Arbeitsverhältnisses 46

Lieferverzug 31

Negative und positive Formulierungen 19

Rechtschreibregeln 50

Spezielle Geschäftsbriefe 21
ss oder ß? 54
Straßennamen 55

Unverlangtes, freibleibendes Angebot 30

Verlangtes, befristetes Angebot 29
Verlangtes, bindendes Angebot 28
Vermerke in Geschäftsbriefen 12
Vorlagen für Geschäftsbriefe 7

Werbebrief an einen Händlerkunden 23
Werbebrief 22

Zahlungsverzug 37
Zweite Mahnung 38